大美时节

给孩子讲二十四节气

黄应娥◎著

中国纺织出版社
国家一级出版社
全国百佳图书出版单位

内容提要

二十四节气展开的是二十四幅美丽的画卷，画中有杏花春雨、雨生百谷，有小满未满、梅雨时节，有白露初生、秋高气爽，有瑞雪丰年、银装素裹。

一年四季，周而复始，不论是春生夏长，还是秋收冬藏，无一不凝结了古人千年的智慧。人们日出而作，日落而息，顺应天时、地利与人和，顺应自然的规律。如此，无论是春的多姿、夏的如火，还是秋的多愁、冬的严寒，都是人间好时节。

而本书要带给孩子们的，就是一个个关于人间好时节的动人故事。

图书在版编目（CIP）数据

大美时节：给孩子讲二十四节气 / 黄应娥著 . -- 北京：中国纺织出版社，2018. 11（2019.5 重印）

ISBN 978-7-5180-5439-8

Ⅰ. ①大… Ⅱ. ①黄… Ⅲ. ①二十四节气—青少年读物 Ⅳ. ① P462-49

中国版本图书馆 CIP 数据核字（2018）第 226089 号

策划编辑：顾文卓　　特约编辑：金　彤

责任校对：寇晨晨　　责任印制：储志伟

中国纺织出版社出版发行

地址：北京市朝阳区百子湾东里A407号楼　邮政编码：100124

销售电话：010—67004422　传真：010—87155801

http：// www.c-textilep.com

E-mail：faxing@c-textilep.com

中国纺织出版社天猫旗舰店

官方微博http：// weibo.com / 2119887771

佳兴达印刷（天津）有限公司印刷　　各地新华书店经销

2018年 11 月第 1 版　　2019 年 5 月第 2 次印刷

开本：710×1000　1 / 16　印张：16

字数：141千字　定价：45.80元

前 言

中国作为四大文明古国之一，拥有悠久的农耕文明，并随之创造出了世界上独一无二、无与伦比的农耕文化，如丝绸文化、茶文化，其中最显著的代表就是二十四节气。

二十四节气由先秦时期开始订立，到汉代最终确立，可以说，完全就是用来指导农业生产的，与农耕关系极为密切。鉴于二十四节气的科学性和规律性，国际气象界将它誉为中国的“第五大发明”。

春雨惊春清谷雨，夏满芒夏暑相连。
秋处露秋寒霜降，冬雪雪冬小大寒。

这一首二十四节气歌，便是二十四幅美丽的画卷，卷中有杏花春雨江南，有天街小雨润如酥，有小荷才露尖尖角，有天地无私玉万家。

立春，预示着春天即将来临，四季从此开始；雨水，象征着降雨开始增多，雨量渐渐增加；惊蛰，表示阵阵春雷惊醒了大地，也同样惊醒了蛰伏在土中冬眠的动物们，万物复苏；春分，即表示昼夜平分，白天与夜晚一样长；清明，万物清净而明朗，正好时候三月春；谷雨，雨生百谷，正是种瓜种豆的最佳时候；立夏，如同立春一样，正是夏天开始的标志；小满，大麦、小麦籽粒饱满，但尚未成熟，故称小满；芒种，即是小麦等有芒农作物成熟的时候，乃是一年中最忙碌的时节之一；夏至，太阳直射赤道，同时也预示着炎热的夏天正式来临；小暑，顾名思义，一年中最热的时节开始了，只是还未达到极盛；大暑，炎热的暑气达到极盛，乃是一年中最热的时候；立秋，秋季的开始；处暑，这里的“处”乃是终止的意思，预示着炎热的酷暑时节即将结束；白露，反映的是自然气候的变化，天气逐渐转凉，故而白露出现；秋分，如同春分一样，昼夜也是平分的；寒露，也是自然气候的变化，只是这时的露水快要凝结成冰了；霜降，天气变得更加冷了，开始有霜；立冬，无疑是冬季开始的标志；小雪，预示着入冬后的第一场雪即将来临；大雪，即表示降雪量增多，地面可能会产生积雪；冬至，即表示寒冷的冬季开始了；小寒，严寒来临，甚至可能会是一年中最寒冷的时节；大寒，多数情况下，都为一年中最寒冷的时节。

不难看出，我们可以将二十四节气分成以下三类：

第一类是反映季节变化和太阳直射点变化的，其中，立春、立夏、立秋和立冬是用来表明季节，划分春夏秋冬四季的，而春分、秋分、夏至和冬至则表示太阳直射点的变化转折。由于我国地域广袤，四季的划分与各地情况并不完全吻合，当西北边疆大雪纷飞时，华南还处在秋高气爽的时节。大体上看，二十四节气的季节转换最符合黄河中下游地区。

第二类是反映气候特征的，有反映热量状况的小暑、大暑、处暑、小寒、大寒五个节气，有反映温度逐渐下降的白露、寒露、霜降三个节气，有反映降水现象的雨水、谷雨、小雪、大雪四个节气。

第三类是反映物候现象的，其中，小满、芒种反映的是有关农作物的成熟和收成情况；惊蛰、清明反映的是自然物候现象，尤其是惊蛰，它用天上的初雷和地下蛰虫的复苏，来向人们通报春回大地的信息。

当然，二十四节气不仅具有反映自然变化、指导农业生产的科学性，还具有在长久的历史传承中的人文性，历代的文人更是对它念兹在兹，深情吟咏。

关于立春，岑参说：“苜宿峰边逢立春，胡芦河上泪沾巾。”

关于春分，白居易说：“春分花发后，寒食月明前。”

关于谷雨，范成大说：“江国多寒农事晚。村北村南，谷雨才耕遍。”

关于立秋，寒山说：“草生芒种后，叶落立秋前。”

关于白露，李白说：“天清白露下，始觉秋风还。”

关于寒露，孟郊说：“秋桐故叶下，寒露新雁飞。”

关于小雪，陆龟蒙说：“时候频过小雪天，江南寒色未曾偏。”

关于大寒，高适说：“北使经大寒，关山饶苦辛。”

无论是它的科学性，还是它的人文性，二十四节气都是我国古代劳动人民口口传承的智慧结晶，即便是处在信息时代的今天，二十四节气依然有它的价值。

一年四季，春耕夏长，秋收冬藏，人们日出而作，日落而息，顺应天时地利，顺应自然规律，如此，才有了春的明媚多姿，夏的热情似火，秋的爽气宜人，冬的如梅似玉，也才有了人间好时节，而这本书要带给孩子们的，就是一个个关于人间好时节的动人故事。

黄应娥

2018 年大暑　于重庆

目录

春 生

立春

东方风来满眼春

律回岁晚冰霜少，春到人间草木知。

便觉眼前生意满，东风吹水绿参差。

——《立春偶成》

岁月轮回，阳气回升，冰霜渐少，最先感知到春回人间的，是花草树木。眼前一派生机盎然的景象，东风吹来，碧波荡漾，惹得人也春心波动。

历来文人骚客从不吝惜自己的笔墨表达对春日的喜爱。在数不胜数的立春节令诗词中，南宋诗人张栻这首《立春偶成》尤为优美。

立春，是二十四节气中的第一个节气，也是春天的第一个节气，时间为每年的 2 月 4 日左右。

关于立春的含义，古籍《群芳谱》是这样解释的："立，始建也。春气始而建立也。"立，就是开始的意思，立春意味着春天的开始。

刚刚经受了几个月"千里冰封、万里雪飘"的严寒冬日，在立春前后，寒冷的西北风逐渐减弱，而温暖的春风从东南方向吹拂而来，气温开始迅速回升，沉睡休养的万物也渐次苏醒，山河大地重获生机与活力。

春天的回归伴随着和风细雨、鸟语花香，为大地送来新一季的温暖和希望。

·物候与气候·

为更好地反映立春期间的气候变化，古人将立春节气中的十五天分为以下"三候"：

一候东风解冻：说的是在立春节气的前五天，温暖的东风阵阵吹来，寒气渐散，大地回暖，开始解冻。唐代诗人李贺有诗云“东方风来满眼春”，可见这东风一吹，中华大地便春回人间。

二候蛰虫始振：又过五天，天气已经不再那么寒冷难耐，洞中冬眠的小虫子们、小动物们也都渐渐苏醒过来。

三候鱼陟负冰：再过五天，气温持续升高，山间的积雪慢慢消融，河流中结的冰也在阳光的照射下融化，鱼儿破冰而出，在水中欢乐游荡。

在立春时节，除了以上“三候”，还有三番“花信风”，美丽而精确地描绘了自然界细微而奇妙的变化。

一候迎春花。迎春花属落叶灌木植物，在每年的冬末到初春开花。迎春花开放之时，正值冬、春交替之际，此时积雪还没有完全融化。因此，迎春花和梅花、水仙花、山茶花一起被并称为“雪中四友”。与凌寒而开、高洁傲骨的梅花不同，迎春花以一抹鲜艳的明黄送走了冬日，迎来了春天。

宋代诗人韩琦就曾在立春时节写过一首《迎春花》：

覆阑纤弱绿条长，带雪冲寒折嫩黄。
迎得春来非自足，百花千卉共芬芳。

作为名副其实的春日第一花，一树树迎春花怒放之后，百花才渐次开放，迎来无尽灿烂的春光。

二候樱桃花。迎春花盛开五日后，樱桃花也在早春时节开放了。开花时，满树繁花如烟如云，烂漫飘香。樱桃花又被称为“迎春樱”，虽然花期短暂，但每逢樱桃花盛开之时，人们总会结伴赏花，丝毫不输日本的樱花祭。樱桃花还有一个特别之处，据说只有在阳光大好的天气，其花瓣才会张开，阴雨天时却是合拢的。

在唐代诗人元稹的笔下，樱桃花是生动活泼、火热张扬的：“樱桃花，一枝两枝千万朵。花砖曾立摘花人，窣破罗裙红似火。”

而夜里的樱桃花，更别有一番气质，唐代诗人皮日休就曾作《夜看樱桃花》来歌咏它清新脱俗的雅致：

纤枝瑶月弄圆霜，半入邻家半入墙。
刘阮不知人独立，满衣清露到明香。

纤纤花枝在清冷的圆月下积了一层薄薄的冰霜，一半延伸到邻家的院子，一半长在围墙之内。风流之人在樱桃花下遗世独立，衣袍上沾了清露，直到第二日余香依旧未散。

寥寥数语，写尽了夜里花之动人、花之诱人，更写尽了那份清幽之美。

三候望春花。樱桃花开到最绚烂的时候，望春花也渐渐盛开了，成为早春时节一道蔚为靓丽的风景线。望春花又名辛夷，也就是我们常说的白玉兰，象征着高洁与纯净的品质。白玉兰花朵硕大美丽，花蕾及树皮还是名贵的中药材。上海人民尤其喜爱白玉兰，将它定为上海市市花。

立春三候与花信风都如同信使一样，昭示着寒冷隆冬的结束，带来了盎然的春意。冰雪消融、虫鸣鸟叫、山花渐放……无不焕发着春天的气息。

不过，我国幅员辽阔，各地的气候也并不同步。在立春前后，华南地区确实已经进入了草长莺飞的春天，白昼渐长、黑夜渐短，降雨增多，天气也明显暖和不少；然而在北方的大部分地区，由于干冷气流的影响，此时冰雪尚未消融，气温也相对寒冷，不过在立春之后，寒气日渐退散，距离春天又近了一步。

·农事养生·

正所谓“一年之计在于春”，春天是一年的开端，也是古代农业生产开始的时节。立春时节的气候变化对于农事的意义十分重大，所以“宁舍一锭金，不舍一年春”“误了一年春、全年受累困”等农谚千百年来深入人心。这美妙而珍贵的春日，正是广大农民从漫长懒散的冬日转换出来，开始勤奋劳作的时节。

在依旧严寒的东北地区，重点是做好畜牧防寒保暖和防疫的工作，防止家禽家畜在早春受冻生病；在广阔的华北平原，则需要注意水利畅通，为即将到来的繁忙春耕做好准备；西北地区的春小麦需要整地施肥，而西南大地则要抓紧翻耕早稻秧田；在相对温暖的华南地区，立春雨水一下，春耕春种便全面展开了。无论是大棚瓜菜，还是果树管理，都需要格外注意防冻保温，并做好施肥、浇灌等培育管理工作。

在乍暖还寒的早春时节，需要细心呵护的，当然不只是农林畜牧，我们每一个人也都需要注重保健养生。

五行学说认为，春属木，肝也属木，所以春天对应着人体的肝，立春养生也以养肝为主。春天阳气初生、肝火旺盛，这需要我们保持平和开朗的心态，切忌产生暴躁或忧郁情绪。

在饮食方面，应多多食用时令蔬菜瓜果等清淡食物和百合、山药、莲子、枸杞等甘甜食物，以及洋葱、姜、蒜、芹菜等疏风散寒、杀菌防病的食物。

初春虽然阳气渐盛、天气转暖，但此时人体的抵抗力还较弱，且气温随时可能回寒，所以不可骤减衣物，也就是所谓的“春捂秋冻”。尤其应注意下肢保暖，否则寒气入体，极易感冒。

春天也是各种流行疾病易发的季节，细菌、病毒在温热的空气中肆虐地生长繁殖，所以我们需要合理饮食、锻炼身体，提高自身免疫力。

总之，顺应季节变换、时节特征，拥有更良好的心态、更健康的体魄，才能更好地迎接春天、播种春天，作物如此，人类也是如此。

·民俗文化·

在古老的过去，人们在立春之日都要举行神秘而庄重的祭祀活动，以祈祷风调雨顺，盼望接下来的春耕能够更加顺利，作物茁壮成长、秋来粮食满仓。后来，随着生产力的发展，古人在敬畏自然之余，更多的是追求精神文明，所以更多与娱乐相关的节目应运而生，人们以各种各样丰富多彩、生动有趣的民俗活动迎接春天的到来。时至今日，这些立春习俗依旧得以广泛传承、长盛不衰。

迎春

迎春是古代立春节气最隆重的仪式之一。相传“句芒神”是主宰草木和各种生命的生长之神，也是主宰农业的生产之神，因此人们将其称为“春神”。迎春的目的就是为了将春神迎回大地，使万物复苏。

迎春最初是官方活动，由天子率领群臣百官一同庆贺。由于迎春的仪式太过庄重，在周代，天子要在立春前三日便开始斋戒，并提前进行准备和预演，也就是“演春”。演春成功后，才能在立春这日正式举行仪式迎春。特定的时辰一到，“春官”大喊“春来了”，宣告着迎春仪式的正式开始。然后鼓乐齐鸣，声势浩大的迎春队伍簇拥着“春官”上街游行，有人装扮成句芒神，牵着牛游行，也有人抬着巨大的春牛塑像进行游春，象征着春神督促春牛努力耕种。游行途中还会表演一些逗趣的节目，十分热闹。在民间，不同的地方还会以不同的方式来迎春，比如西北地区的农村流行在胸前佩戴彩绸剪成的燕子；鲁南地区流行在立春前后将缝制好的“迎春公鸡”佩戴在小孩身上；河南地区则将五彩的“春鸡”戴在孩子的头上或袖口。

鞭春

鞭春之礼自周代以来延续千年。鞭春即打春，也就是用鞭子抽打泥做的春牛，蕴含着“催耕”的含义，寄托了人们对于新春耕种顺利的美好祈愿。在明清时期，打春的传统则更为繁复壮观，群臣在皇帝的带领下鞭打春牛之后，皇帝还会赏赐礼品，官员们带着赏赐退朝，将这份喜悦和好兆头传递给百姓。

报春

报春也是立春节气重要的传统习俗。在立春的前几天，有人手执小锣、竹板，一边敲击，一边唱着动听的迎春赞词，挨家挨户送去春牛图，这是为了提醒大家，春天来了，农忙即将开始了。春牛图又叫做“春帖子”，上面印着二十四节气，还画着春牛耕种的图案，有的还写着颂春赞春的诗句。家家户户都将春帖子贴在门上，洋溢着喜庆的春日气息。

咬春

中国人的任何节日，总是离不开各式各样的美食。春盘、春饼、春卷等春意盎然的美食，便是立春时节最受欢迎的代表性食物。

所谓春盘，其实就是将节令时蔬瓜果，主要包括莴笋、油麦菜、生菜、萝卜、黄瓜等装在一个盘子里，用于馈赠亲友或自己食用。早在唐代时，春盘就是立春必备的食物，杜甫曾作《立春》一诗：

春日春盘细生菜，忽忆两京梅发时。
盘出高门行白玉，菜传纤手送青丝。
巫峡寒江那对眼，杜陵远客不胜悲。
此身未知归定处，呼儿觅纸一题诗。

在立春之日，品尝着春盘里新鲜的蔬菜，忽然回忆起京城梅花开放的美好时节。彼时国家局势动荡不安，百姓颠沛流离，我从京城流离到巴蜀之地，不由得孤独寂寞、悲伤不已。

宋代之后，吃春饼之风日盛，且有皇帝在立春向百官赏赐春盘春饼的记载。宋人陈元靓在《岁时广记》中记载道："立春前一日，大内出春饼，并以酒赐近臣。"而明代《燕都游览志》也有记载："凡立春日，（皇帝）于午门赐百官春饼。"

后来，春盘逐渐演变成为更加丰富美味的小吃，比如春饼和春卷。春饼的制作方法很简单，就是将各式蔬菜或小炒卷入用面粉烙制的薄饼中，其口感筋道，脆软咸香。春卷和春饼类似，还可煎或炸，香气四溢、营养丰富。无论是春饼还是春卷，如今都不仅只是独具特色的节令食品，也是大江南北广受欢迎的传统小吃，深受食客们的喜爱。

盼望着，盼望着，春天的脚步近了，新的一年已经拉开了序幕……在春回大地的立春时节，人们满怀着喜悦，满怀着希望，满怀着爱与温暖，满怀着美好憧憬和无限向往，亘古如斯地迎接春天、拥抱春天，亦是迎接未来、拥抱未来。

雨水

天街小雨润如酥

好雨知时节，当春乃发生。
随风潜入夜，润物细无声。
野径云俱黑，江船火独明。
晓看红湿处，花重锦官城。
——《春夜喜雨》

这首优美动人的五言律诗出自唐代大诗人杜甫笔下，细致生动地描绘出了天府之国——成都的春夜雨景：

好雨像是知晓人间时节般，在早春时节万物萌发之际降临大地。伴随着春风偷偷潜入黑夜中，无声地滋润着万物，温柔而细密。乌云笼罩着乡野小径，江边的船只闪烁着点点灯光。清晨那带露的红花，开遍了成都的街头巷尾。

诗人以细腻的情感、精妙的语言，将一幅迷人的早春图景铺陈在我们面前，使我们仿佛置身于那个细雨潇潇的雨夜，呼吸于那个繁花似锦的清晨。

从内容上来说，这首诗是赞咏春雨；从时间上来说，这首诗大约创作于雨水节气前后。

雨水，是二十四节气中的第二个节气，也是春天的第二个节气，在立春之后、惊蛰之前，时间为每年的 2 月 18 日或 19 日前后。

根据《月令七十二候集解》所记载：“正月中，天一生水。春始属木，然生木者必水也，故立春后继之雨水。且东风既解冻，则散而为雨矣。”意思是说，春属木，而草木生长必须要有水，所以立春节气之后，接着就是雨水节气。这时温暖的春风将冰雪解冻，化作雨水降落下来。

顾名思义，雨水和谷雨、小雪、大雪一样，都是反映降水的节气。雨水时节，一方面气温持续回升，降水量逐渐增多；另一方面冰雪融化，降水的形式也从降雪过渡为降雨，所以又有“雨水节，雨水代替雪”的谚语。

“一场春雨一场暖”，雨水之后，北风不再寒冷刺骨，阳光也不再冰凉透心，万物在阳光雨水的润泽下生长萌动，春意也更浓了几分。如果立春节气预示着春季的到来，那么雨水节气则意味着大部分地区都进入了气象意义上的春天。

·物候与气候·

为更好地反映雨水期间的气候变化，古人将雨水节气中的十五天分为以下“三候”：

一候獭祭鱼：说的是雨水时节春江水暖，河里结的冰渐渐融化，水中的鱼儿欢畅地游泳，却招来了它们的天敌水獭。水獭最喜欢肥美鱼儿的味道，并且它们在捕鱼的时候，往往玩性大发——抓到一条鱼，并不着急下肚，而是先放在岸边，再接着捕鱼，直到抓够了一定数量的鱼才肯停手，坐在鱼堆边上十分满足地饱餐一顿。这些先摆放、后食用的鱼就像是古时候的祭品，所以又被称为“獭祭鱼”，可谓十分形象。

二候鸿雁来：再过五天，大雁渐渐从南方飞回北方。北雁南飞向来如同一个不变的信期，昭示着寒气渐散、气温回暖，也为人们带回来春的讯息。

三候草木萌动：又过去了五天，山间田野的草木都开始萌芽了。

在雨水时节，除了以上“三候”，还有三番“花信风”，菜花、杏花和李花依次盛开。

菜花也就是油菜花。那一望无际、漫山遍野、金灿灿的油菜花田，是早春时节一道最抓人眼球的风景线。云南罗平是油菜花的天堂，也是全国油菜花盛开最早的地方，每年 2 月至 3 月，这里 20 万亩油菜花竞相盛开，绵延起伏，吸引了大批游客；3 月，重庆潼南变成了金黄色的万亩花海，尽显川渝大地之美;3 月至 4 月，有着“最美乡村”之称的江西婺源，10 万亩油菜花陆续开放，金黄的花海映衬着粉墙黛瓦，使春日里的徽派风光别有一番风情。

五天之后，杏花也盛开了。自古以来，杏花以其美丽的芳姿和高洁的品性受到无数文人墨客的喜爱和歌咏。陆游曾有诗云：“小楼一夜听春雨，深巷明朝卖杏花”，温庭筠也写道：“红花初绽雪花繁，重叠高低满小园”。

王安石谪居江宁时，曾作《北陂杏花》，以杏花的高洁寄托自我情感：

一陂春水绕花身，花影妖娆各占春。
纵被春风吹作雪，绝胜南陌碾成尘。

池塘的春水环绕着一树一树的杏花，花枝摇曳，水中的倒影妖娆妩媚，占尽了春光。纵然花瓣被春风吹落到水中，也飘然如雪美不可言，总好过落到马路边，被马车碾为尘土。

王安石笔下的杏花不同于普通的杏花，而是春水池边的杏花，清高而孤傲，不惧世俗，不由玷污，完全是他孤芳自赏的内心写照。

在雨水节气盛开的还有李花。“桃李满天下”“桃李不言下自成蹊”，桃、李自古便齐名，桃花明媚妖艳，而李花清淡素雅、质朴纯洁，不同的风情却有着同样的魅力。

雨水时节，无论是“三候”，还是三番“花信风”，无不散发着越来越浓的春意。水獭捕鱼、大雁北飞、草木生长发芽……菜花、杏花、李花次第盛开，山花烂漫，全然一幅春日图景。

如果说立春时节只有华南地区进入早春，北方大部分地区还冬寒未消，那么到了雨水节气，连北方也多了几分春意。农谚说：“雨水雨增温度升，华北大地渐解冻。”此时华北地区的平均气温逐渐回升到 0℃以上，降雪已经成为过去，转而变成了淅淅沥沥的春雨。只有西北、东北等地区依旧还处于寒冷的冬季，想要真正解冻还需要一段时日。

·农事养生·

“春雨贵如油”，这句在民间流传了千百年之久的农谚，不仅是在赞叹春雨的可贵，更是在强调春雨的稀少，警示农民们要珍惜时光、顺应节气，早作盘算，准备春耕事宜。

春雨为什么“贵如油”呢？按理说雨水节气不是应该雨水充足，用也用不完吗？其实，这是人们的一个误区。事实真相是——即使有了春雨，农民们也并不能高枕无忧。雨水节气虽名为雨水，降雨也确实有一定程度的增多，但往往并不能完全满足干涸大地的巨大需求。无论是春耕、春种，还是农作物的生长，都需要大量的水分，一旦此时降水量不足，很容易造成“春旱”。因此每一滴春雨，对于靠天吃饭的农民们来讲，当然都是贵如油的。

精于农耕的中国农民认为，雨水节气是否下雨，事关整个春季的降雨情况，也影响着农事的顺利与否。“雨水无雨，夏至无雨”“雨水下雨春水好，雨水无雨春水少”“雨水前后雨，春天不易旱”“有了雨水水，才有春分水”……可见如果雨水这天下雨，这一年的农事就能顺顺利利，是丰收的好兆头；反之，如果雨水这天不下雨，则会不利农事。

“七九八九雨水节，种田老汉不能歇”，雨水期间的农耕活动也跟“水”有着最为密切的关系。

一方面，需要蓄好水量，河水井水都要充分利用起来，预防春旱，确保“水到用时有保证”，并对不同的作物适当浇水、及时做好通风工作，尤其是对返青的冬小麦，要视情况进行灌溉工作；另一方面，在雨水较多的淮南地区，则需要做好田间清沟沥水工作，预防春雨过多而导致农作物烂根。

此外，北方的农民们都开始忙于送肥、选种等备耕活动，而南方的双季早稻也正处于播种的大好时节。在这早春“冷尾暖头”的特殊时节，还要注意对农作物做好保温和防冻措施，以免被冻伤。

雨水时节还需要重视保健养生。

和立春类似，雨水时节依旧需要保持平和的心态、保养肝脏和继续“春捂”。此外，由于此时降雨增多，寒湿之气加重，不利于脾胃功能的保养，所以需要去除湿邪，保养脾脏。还要注意春季保暖，防止身体受凉，忌吃生冷辛辣的食物，多吃新鲜应季的蔬菜水果，也可食用蜂蜜、大枣、山药等适当进补。

·民俗文化·

拉保保

在川西的许多地区，雨水节气会举办一年一度的“拉保保”传统民俗活动。“保保”是四川方言，意思是干爹，“拉保保”，即认干爹。为什么小孩子要在这天认干爹呢？这是因为在过去，农村的医疗条件比较落后，孩子们从小多灾多病，很容易夭折。为了让自己的孩子平安健康地长大，人们一方面求神问卦，祈求神灵的庇佑；另一方面要为孩子拜一个福气深厚的干爹，借助干爹的福气让孩子远离病魔灾难，这样，孩子就“好养活”。

而特意选在雨水时节“拉保保”，是为了取“雨露滋润易生长”的吉祥喜气，孩子们在雨水之际拜了干爹，就如同脆弱的小树苗得到雨水的滋润，能够茁壮成长。

在人们心中，认干爹是一件神圣的事情，需要庄严对待，不仅有固定的时间，往往还有固定的场所。雨水节一到，无论是下雨还是不下雨，活动都会如期举行。届时全村欢聚一堂，孩子的父母牵着孩子的手，提着特

意准备的香蜡纸烛和酒菜，在人群中不断寻觅想要认的干爹。拜干爹寄托了父母对孩子的期望和祝福，所以“干爹”的人选也是很有讲究的，父母需要好好思量一番。如果希望孩子长大后能读书成才，就拉一个文人做干爹；如果孩子身体瘦弱，就要拉一个身材高大强壮的人作干爹。被拉做干爹的人，往往都会爽快地答应，他们认为这对于自身而言也是一种福气。

摆上酒菜，点上香蜡，孩子磕头叫了干爹，干爹再给孩子取个名字，就算是“礼成”了。从此孩子有了干爹，干爹多了一个干女儿或者干儿子，各得其乐，两家人的关系也会变得更加亲密。

回娘家

在民间，出嫁的女儿还会在雨水节带着丈夫“回娘家”。若是女儿婚后还没有怀孕，母亲会亲自缝制一条红裤子，让女儿贴身穿上，以祝福女儿女婿早生贵子；若是女儿已经生育子女，则女儿女婿会带上罐罐肉、藤椅等特殊的节日礼物，藤椅上还会系上一段红绸，祝愿岳父岳母健康长寿；如果是新婚夫妇，岳父岳母则会在他们离开之时回赠一把雨伞。

填仓节

在华北、西北等地区，雨水期间还会过“填仓节”。每年的正月二十五日据说是仓王爷的生日，所以人们在这一天过节，祈愿新年五谷丰登。填仓，也就是“填满谷仓”的意思。在填仓节这天，不同的地域，有着不同的风俗，有的会往粮仓里添加一些五谷粮食；有的会吃春饼、煎饼和饺子等食物，并把这些食物投入粮仓；有的会用灶灰、米糠等围成仓的形象，在其中放满粮食；还有的地方要祭祀仓神。相同的是，在填仓节这天，人人都要敞开肚子大吃大喝，这个习俗可追溯到宋朝，《东京梦华录》有言：“正月二十五日，牛羊豕肉，恣飨竟日，客至苦留，必尽而去，名曰填仓。”

在填仓活动结束后，还要做一锅“雨灯灯”，也就是将杂面捏成灯的形状，一共 12 个灯，每一个代表一个月份。放进锅里蒸熟了之后，揭开锅盖，对比一下哪盏灯的积水最多，说明哪个月的降雨最多，而哪盏灯的积水最少，就说明这个月有可能会干旱，需要早做打算。

闹元宵

在雨水节气的十五天里，往往还会穿插一个非常重要的传统节日——元宵节。元宵节在古代又被称为“上元节”，起源于汉代。作为一年中第一个月圆之夜，自古以来便受到了极大的重视，是全民狂欢的节日。不仅皇帝官员们往往会在这天参加灯会、与民同乐，许多年轻未婚男女也会结伴出游赏灯会，所以元宵节又被视作中国的情人节，充满了爱情的浪漫。宋代文人欧阳修就曾作《生查子·元夕》来纪念和心爱姑娘元宵约会的场景：

去年元夜时，花市灯如昼。
月上柳梢头，人约黄昏后。
今年元夜时，月与灯依旧。
不见去年人，泪湿春衫袖。

还记得去年的元宵之夜，花市灯火明亮如同白昼。月亮爬上柳树枝头，伊人与君相约在黄昏后见面。今年的元宵之夜，月光和花灯依旧美丽。却再也看不见去年的情人，伤心的泪水打湿了衣袖。

时至今日，中国人民依旧保留着元宵佳节吃元宵（或汤圆）、赏灯会、猜灯谜等传统习俗，不少地方还会观看耍龙灯、舞狮子、踩高跷、划旱船、扭秧歌、打太平鼓等传统民俗表演。

孔子说：“智者乐水”；老子说：“上善若水”。国人对水的喜爱和尊崇早已延续千年，她以其智慧启迪人们的心灵，以其温柔抚慰人们的伤痛，以其良善滋润万物的生长，以最包容的姿态接纳着一切的一切。

“天街小雨润如酥，草色遥看近却无。最是一年春好处，绝胜烟柳满皇都。”在烟柳如云的早春时节，人们迎来淅淅沥沥的早春雨水，怀着温暖与希望去欢庆她、珍惜她、享受她，感受这大美文化、大美时节……

惊蛰

春雷惊百虫

仲春遘时雨，始雷发东隅。

众蛰各潜骇，草木纵横舒。

——《拟古》节选

作为中国古代田园诗派的代表人物，陶渊明辞官归隐、与山水风光为伴，多年来亲自耕种劳作，所以他对农村生活是无比熟悉的，对大自然的观察也是非常细致入微的。在一千多年前的东晋末年，陶渊明就曾写下了这首《拟古·仲春遘时雨》，描绘了这样一幅平淡却十分生动的仲春之景：

仲春之际，春雨顺应时节降临大地，一道雷声从东边传来。冬眠的虫类在潜藏已久的洞中惊醒，花草树木也都在雷雨中舒展、生长。

这首诗歌所描述的时节，很明显是“惊蛰”。

惊蛰，是二十四节气中的第三个节气，也是春季的第三个节气，在雨水之后、春分之前，时间为每年的3月5日或6日，标志着仲春时节的开始。

据《月令七十二候集解》记载：“二月节，万物出乎震，震为雷，故曰惊蛰。是蛰虫惊而出走矣。”意思是说，惊蛰节气在农历二月，随着第一声春雷的响起，万物都惊醒过来，地下蛰伏的小动物们听到雷声，也都纷纷从冬眠中醒来。所以古代的人们将这一节气叫做“惊蛰”。不得不说，这个名字来得十分巧妙生动。

不过，惊蛰最初的名称并不叫惊蛰，而且它在二十四节气中的顺序，也是被更改过的。这是怎么一回事呢？

在汉朝以前，惊蛰一直被叫做“启蛰”，《夏小正》曰：“正月启蛰”。直到两千多年前的汉朝，出了一位汉景帝，名叫刘启。古人都讲究“为尊者讳”，为了避皇帝的“讳”，所以将“启蛰”改名为意思相近的“惊蛰”，这才有了我们今天所说的惊蛰节气。在日本等国，至今仍然沿用“启蛰”这一名称。

在名字被改的同时，惊蛰在二十四节气中的顺次也被一并更改了。在汉景帝之前，启蛰是二十四节气中的第二个节气，此后它和雨水置换，变成了第三个节气。除了惊蛰和雨水顺次交换，谷雨和清明也一同被对调。

所以，原本春季的六个节气顺序是：立春—启蛰—雨水—春分—谷雨—清明；而汉景帝以后，被更改为：立春—雨水—惊蛰—春分—清明—谷雨。而两千年来的事实证明，这一调整是非常符合气候和物候变化的。

“春雷响，万物长”，事实上，冬眠的蜇虫们是听不到雷声的，它们之所以结束冬眠“惊走而出”，是因为温暖的气候。惊蛰时节，大地回春，春雷渐响，春雨增多，大地的春意更浓了，田间的农事也更忙了。

·物候与气候·

为更好地反映惊蛰期间的气候变化，古人将惊蛰节气中的十五天分为以下“三候”：

一候桃始华。华是通假字，通“花”，在惊蛰节气的前五天，桃花开始盛放了。人们对桃花的喜爱不言而喻。早在春秋时期，《诗经》中便有“桃之夭夭，灼灼其华。之子于归，宜其室家”的歌咏，因此向来被寄托着宜室宜家的美好品质；陶渊明更是以一篇《桃花源记》，构筑了中国人心中最美好的理想乐园。

桃花是春天的象征。可以说，没有桃花的春色，是黯淡无光的春色。在桃花盛开的仲春时节，一树树桃花成为最美丽的风景线。古人也赏桃花，也写桃花。崔护就曾以一首《题都城南庄》描绘桃花与佳人之美：

去年今日此门中，人面桃花相映红。
人面不知何处去，桃花依旧笑春风。

去年的今日，在这扇门中，佳人的容颜与粉嫩的桃花交相辉映，令我心神荡漾。如今重游故地，佳人不知身在何处，徒留那桃花依旧在春风中含笑盛开。

如今的春天大地，更是处处少不了桃花的身影。而人们在紧张的工作和学习之余，也总不忘相约好友或携手家人，挑一个晴朗的周末，沐浴着暖洋洋的日光，去往那桃花盛开的山林间，一览清新的仲春风光。

二候仓庚鸣。仓庚，就是黄鹂鸟。在惊蛰节气的中间五天里，黄鹂鸟闻到花粉的香气，欢欣雀跃地在树林间鸣叫。黄鹂鸟的美妙歌声，为春天增添了几分更为活跃的气息。所以杜甫有诗云："两只黄鹂鸣翠柳，一行白鹭上青天。"纵然西岭雪山还千里积雪，但成都杜甫所居住的浣花溪已经是一片生机勃勃的春日景象了。

三候鹰化为鸠。鹰，指的是一种鸷鸟；而鸠，指的是布谷鸟。鹰变为鸠，并不是说老鹰变成了布谷鸟，而是说在惊蛰节气的最后五天里，由于气温非常暖和，老鹰悄悄地躲起来开始繁殖，而布谷鸟则成群地出没于山林间，鸣叫求偶。这样的现象在古人看来，便是鹰消失了、鸠出现了，所以造成了一种"鹰化为鸠"的奇妙错觉。

惊蛰节气里许多花都会随之盛开，其中最具代表性的三番"花信风"，除了上面提到的桃花，还有棠梨和蔷薇。

在桃花盛开之后的五天，棠梨也开放了。棠梨又被叫做"甘棠"，是一种野梨花。《诗经》里便有《甘棠》一诗：

蔽芾甘棠，勿翦勿伐，召伯所茇。

蔽芾甘棠，勿翦勿败，召伯所憩。

蔽芾甘棠，勿翦勿拜，召伯所说。

美丽的甘棠树，不要修剪它、砍伐它，因为召公曾照顾过它。挺拔的甘棠树，不要修剪它、伤害它，因为召公曾在树下休息过。可爱的甘棠树，不要修剪它、攀折它，因为召公曾在树下处理政事。

诗里的召公，是周文王的儿子，他爱民如子，一生施行仁政，受到了百姓的广泛爱戴。因为他曾在甘棠树下处理政事，所以当时的人们对甘棠树也十分喜爱，还创作了这首诗来铭记他。

此后，人们常常用“甘棠”来赞扬被爱戴的官吏，歌颂他们的仁政和美德。

棠梨开后的五天，蔷薇花也应时绽放了。蔷薇是蔷薇属部分植物的通称，包含了玫瑰、月季等常见的花卉。而我们通常说的蔷薇，一般指的是野蔷薇。蔷薇的花枝柔弱，人们往往将其织成一道篱笆墙，小小的花朵点缀其间，清新可爱。

伴随着滚滚春雷，万物都在繁殖生长——黄鹂歌唱，老鹰筑巢产卵，鸠鸟鸣叫求偶，桃花、棠梨、蔷薇百花如簇……这样一幅热闹春景图，得益于温暖的天气。

惊蛰时节以晴天居多，气温不断回升、雨水也有所增多。除了东北、西北等少数地区以外，中国大部分地区平均气温已经回升到 0℃以上，而华南、东南等地区甚至已经稳定在 12℃以上，处处都唱响了“桃花红，梨花白，黄鹂歌唱燕归来 ”的仲春赞歌，十分热闹。

值得一提的是，关于“惊蛰始雷”的说法，其实主要针对的是沿长江流域。我国东西南北跨度都极大，第一声春雷的时间也有所差异。在云南等南部地区，1 月底就陆续能听到春雷声，而在北京等北部地区，则可能会晚至 4 月下旬。

·农事养生·

我国劳动人民向来十分重视惊蛰节气，将其视为春耕开始的标志，所以农谚有言：“过了惊蛰节，春耕不停歇”。可见惊蛰时节里的声声春雷，其意义不只在于让冬眠的动物们苏醒过来，也意在唤醒沉睡一冬的人们，让他们抖擞精神、勤奋拼搏。因此，惊蛰一到，全国范围内的农忙便开始了。

“惊蛰不耙地，好比蒸馍走了气”，这句农谚强调了惊蛰耙地的重要性。尤其是在华北地区，此时冬小麦开始返青了，需要重视抗旱保墒，及时耙地减少水分的蒸发。而在江南地区，小麦开始拔节，油菜花也已经开花，需要及时做好追肥工作，如果降雨较少，还需要适当浇灌；如果降雨过多，则需要注意防治湿害，做好清沟沥水工作。华南地区的早稻播种也陆续开始了，秧田的防寒保暖是重中之重。在东北、西北等寒冷地带，此时气温仍然还在0℃以下，耕地尚未完全解冻，不过农民们已经开始着手于备耕活动。

农谚还说：“春雷惊百虫”“桃花开，瘟猪来”，意思是说在惊蛰时节，温暖湿润的气候条件使得病虫肆虐繁殖，容易引发多种病虫害和病疫。因此还需要做好病虫害防治和中耕除草工作，以及家禽家畜的防疫。

唐代诗人韦应物就曾写过一首著名的《观田家》来描绘惊蛰时节农忙开始的景象。诗作的前四句这样写道：

微雨众卉新，一雷惊蛰始。
田家几日闲，耕种从此起。

微微细雨浇灌万物新生，一声春雷预示着惊蛰时节的来临。农民一年能有几天是闲着的呢？新一年的耕种从此时又开始了。

随着时代的发展和社会的进步，我国如今的粮食产量已经能够完全满足人民的需求，科学和技术的革新也解放了生产力，使得农民们不再像古时候那样辛苦不堪，也不再有粮食短缺的困难，这是属于我们每一个人的幸运，但对于劳动人民的尊重以及对粮食的珍惜，是任何时代都不应该缺失的。

值得一提的是，人们还注意到在雷雨过后，植物的长势会异常迅猛，尤其是豆类植物，更是疯长。唐代诗人白居易就对这一现象观察细致，有

诗云：“二月二日新雨晴，草芽菜甲一时生”。

其实，这是有科学依据的——生物学研究表明，春雷往往伴随着闪电的发生，而闪电能够使空气中的氮转变为氮的化合物，被雨水冲到土壤中，为农作物提供大量的氮元素。这些随着雷电而产生的丰富的天然肥料，令农作物渴求不已，更令农民们喜笑颜开。

惊蛰时节，在保健养生方面，也需要引起重视，合理调养。一方面，要重点防止病虫引起的病毒和细菌侵扰，预防春季流行疾病；另一方面，在百花盛开的时节，空气中花粉弥漫，赏花的人们要注意防范花粉病，以及预防花粉过敏。

在饮食上，要多吃清淡的食物，忌辛辣食品，还要加强体育锻炼，散步、慢跑、舞蹈、球类等运动都是比较适宜春季的。当然，避免情绪波动也很重要，保持平和淡定的心态，只有心情舒畅，身体才会更健康。

·民俗文化·

吃梨

在很多地方，惊蛰都有吃梨的习俗。这是因为在惊蛰时节，病虫肆虐，小孩子们容易因此感染病毒，导致疾病的发生。而梨和“离”同音，据说吃梨能够让小孩远离病虫，茁壮成长。事实上，梨也是一种营养丰富的水果，且性寒味甘，有助于在春季防寒保暖，增强身体的抵抗力。

“祭白虎”解是非

“祭白虎”是广东、香港一带的惊蛰民俗。传说白虎是道教的“四神”之一，是口舌、是非之神，在民间象征着凶兆。每年的惊蛰前后，它都会下凡觅食，甚至会吃人，如果人们冒犯了这位凶神，则这一年将遭遇凶恶小人的暗算，百般不顺。人们在惊蛰这天祭白虎，就是为了化解是非、远离厄运。先用纸绘制一只白老虎，祭拜时以猪血供奉，然后用生猪肉抹在纸老虎的嘴上，纸老虎油水充足，便不会再张口说人是非了。

驱虫“打小人”

被春雷唤醒的蛇虫鼠蚁不仅要偷吃庄稼，还可能爬到家里来。不堪其扰的人们便想出了一招妙计——每逢惊蛰前后，人们手持艾草等驱虫的植物点火熏烤家里的各个角落，并在门外撒上石灰。这样一来，蛇虫鼠蚁就不敢靠近家宅了。驱赶了虫蚁，也代表着赶走了小人，驱除了霉运。

“炒虫”

炒虫其实并不是将害虫都捉来炒了吃，而是将豆子或玉米等食材放在锅里爆炒，发出噼噼啪啪的响声，就像是在炒虫子一样。在山东、陕西等地区，惊蛰时节家家户户都要“炒虫”，并且还要比赛吃“炒虫”，以表达消灭害虫的愿望。

龙头节

在惊蛰期间，往往穿插了一个重要的民俗节日——龙头节。正所谓“二月二，龙抬头”，说的是每年农历的二月初二，沉睡了一个冬天的龙神就会苏醒过来，抬头升天。而龙又是行云布雨的神灵，会给人间降下珍贵的春雨，因此这被视为祥瑞喜庆的象征。“二月二，龙抬头；大仓满，小仓流。”人们欢度龙头节，以祈愿风调雨顺、农业丰收。在北方，这个节日又被称为“龙抬头日”或“春龙节”；在南方，则被叫做“踏青节”或“挑菜节”。

二月二的禁忌向来不少，比如不能在河边或井边担水，不能做针线活，不能洗衣服，不能吃面条、不能推磨等。“二月二剃龙头，一年都有精神头”，每逢二月二，人们纷纷剃头，希望可以去除霉运。

立春的春风轻柔拂过，春雨温润如酥，沉寂了一整个漫长冬日的万物如梦初醒，睁开迷蒙的双眼，但真正使得万物再度苏醒的，却是那一声声遥远的惊雷。惊蛰的雷声唤醒虫蚁鸟兽，唤醒草木庄稼，更唤醒勤劳的人类，于是繁忙的春耕时节就此开启。在这阳光明媚的仲春时节，活力与生机就此重现人间！

春分

天将小雨交春半

仲春初四日，春色正中分。
绿野徘徊月，晴天断续云。
燕飞犹个个，花落已纷纷。
思妇高楼晚，歌声不可闻。

——《春分日》

农历二月四日正值仲春时节，春日景色正好被平分。夜晚葱郁的田野月影浮动，晴天时空中飘着断续的云朵。燕子还在成群结队地飞来飞去，春花已经纷纷凋落。思君的妇人在傍晚登上高楼，歌声悠扬婉转，远方的丈夫却无法听到。

在春光无限好的仲春之际，迎来了一个最为特别的节气——春分。

春分，是二十四节气中的第四个节气，也是春季的第四个节气，在惊蛰之后、清明之前，时间为每年的 3 月 21 日前后。

根据《月令七十二候集解》的记载："春分，二月中，分者半也，此当九十日之半，故谓之分。秋同义。"意思是说，春分日在农历二月中旬，此时春天的 90 天正好过去了一半，所以叫"分"。秋分的含义也是这样。《春秋繁露》是这样解释的："春分者，阴阳相半也，故昼夜均而寒暑平。"意思是说，春分日这天阴阳各占一半，所以昼夜平分，而且气候冷热程度也均等。

可见春分有两层含义，一是将春天平分为两半，二是此时昼夜、寒暑平分。它几乎是"平衡"与"对称"的代名词。那么为何在春分日这天会平分春季、昼夜均等、寒暑等分呢？这跟地球的自转与公转有关。

我们知道，地球是在不断自转的，同时也在围绕着太阳公转。地球自转的平面叫做"赤道"，而地球围绕着太阳公转的平面叫做"黄道"。赤道和黄道形成的夹角随着时间的变化而不断发生变化，在每年的 3 月 21 日前后，也就是春分日，这个角度达到了完美的 0°，黄道和地轴形成了垂直关系，而且这时的太阳正好直射赤道附近。

于是，太阳对于整个地球所有地方的照耀不偏也不倚，一切都达到了近乎精确的平衡。所以才会发生昼夜平分的现象，全球在春分日都是昼夜平分，白天黑夜都是均等的 12 个小时，当然我国所在的北半球也不例外。

这样的现象一年中只有两次，分别是春分和秋分。

整个春季在此时刚刚过半，全国都弥漫着温暖明媚、生机盎然的浓浓春意。

·物候与气候·

为更好地反映春分期间的气候变化，古人将春分节气中的十五天分为以下“三候”：

一候玄鸟至。玄鸟指的是燕子，春分一到，燕子就会从南方陆续飞回北方。

二候雷乃发声。惊蛰节气虽然已经春雷渐响，但雷声还比较微弱，直到春分之后，才会雷声隆隆。

三候始电。在春分节气的最后五天里，天空开始出现了闪电，常常都是电闪雷鸣的天气。

春分节气“千花百卉争明艳”，很多花都会闻风开放，三番“花信风”分别是海棠花、梨花和木兰花。

海棠花在仲春时节盛开，其花姿明艳，妩媚动人，有“花中神仙”“花之贵妃”等美称，向来深受国人的喜爱，尤其文人墨客更是对海棠花情有独钟，赞美海棠的诗句不计其数。宋代才女李清照在醉酒之时依旧牵挂院中海棠，写道“试问卷帘人，却道海棠依旧”；苏轼对海棠亦爱怜有加，有“只恐夜深花睡去，故烧高烛照红妆”的奇妙佳句；陆游曾盛赞“蜀姬艳妆肯让人，花前顿觉无颜色”，看来蜀地最美丽的不是姑娘，而是海棠花。

《红楼梦》中大观园诸姐妹曾在海棠盛开的季节成立了“海棠诗社”，并以海棠为题吟诵了许多文采飞扬的海棠诗歌，其中“潇湘妃子”林黛玉这首《咏白海棠》最为动人：

半卷湘帘半掩门，碾冰为土玉为盆。
偷来梨蕊三分白，借得梅花一缕魂。

半卷起湘妃竹帘、半掩着房门，将冰块碾碎作为泥土、以美玉作为花盆。它的三分雪白仿佛是从梨蕊偷来的，而那一缕香魂又像是问梅花借得的。

再过五天，梨花也盛开了。梨花清新淡雅，以洁白的颜色著称，是仲春时节一道最美丽的景观。尤其是在春雨连绵的时候，一树树的“梨花带雨”，实在是言不尽的清新动人。比起桃花的妖冶，梨花被赋予了更为高洁和纯真的品质，所以黄庭坚赞道：“桃花人面各相红，不及天然玉作容”。

梨花开放之后，木兰花也陆续盛开了，这一节气开花的木兰主要指的是紫玉兰，而白玉兰早在立春节气便已经开遍林野了。由于古代有花木兰替父从军的典故，因此木兰又常常被用来指代女子。

这些春意十足的物候，无不在向大地宣告着，阳光明媚的春天已然全面到来。的确，从气候上来讲，春分节气我国大部分地区的平均温度都已经稳定在10℃以上，这就是气象学上的春季气温标准。即使在西北、东北等严寒地区，也冰雪消融，逐渐进入温暖的春季，而在南方大地，春光更是无限灿烂，有的地方甚至已进入了暮春时节。

“春分阴雨天，春季雨不歇”，春分节气降雨量也明显增多，虽然西北、华北等地区依旧降水较少，难以满足农业上的巨大需求，但南方大部分地区都雨水充沛，常常出现阴雨连绵的天气。伴随着春雨而来的，可能是强烈的冷空气，从而引发气温的骤降，“倒春寒”便是这样形成的。

此外，春分节气往往还会刮大风，北方地区还可能会在这一时节出现沙尘天气。

·农事养生·

春分一到，全国各地都进入了春耕大忙的时节。

此时越冬作物脱冬入春，无比蓬勃地生长着，“春分麦起身，一刻值千金”“麦到春分昼夜长”，小麦在春天开始拔节，长势极快，需要及时浇水，还要施拔节肥。为了防止“倒春寒”冻伤小麦或其他农作物，还要注意加强田间管理，采取有效措施来预防冻害，保证产量。

春分时节的农事活动也跟当地的降水量密切相关。在西北、东北和华北等“春雨贵如油”的地区，此时降水量很少，不能满足各种农作物春季生长的需求，容易引发春旱，必须要注意及时浇灌，避免旱情影响作物的生长发育。而在江南等地区，三、四月份雨水十分充沛，甚至会暴雨泛滥、发生“桃花汛”，所以要做好清沟沥水、排涝防渍工作。

此外，万物复苏的阳春三月还是植树造林的好时节，“明朝种树是春分”，每年的 3 月 12 日是“植树节”，正处于春分之前不久。如今，我国越来越重视绿色环保的发展理念，人们春天植树的热情也愈发高涨。

春分节气将昼夜、寒暑都均分，人体也应顺应时节的这种完美平衡，保健养生需要注重身体的阴阳平衡。

首先，在饮食上不可失衡，要避免摄入太多寒性、凉性的食物，可多吃面粉、豆油、南瓜、胡萝卜等温性食物。在作息上，晚上应早点睡觉，保持充足的睡眠。还要注意人体的冷热平衡，这时昼夜温差较大，要注意夜间保暖，避免感冒，还要注意“春捂”，不可在暖和的白天过度减衣。

此外，“春分风不小，要防痛深扰”，如果遇到大风、沙尘暴天气，应尽量减少外出，防止受凉或呼吸道的损害。

当然，最重要的平衡莫过于心理的平衡，要调整好情绪，不宜大喜大悲，也不可动气动火或过度忧虑。只有保持轻松乐观的心情，才能身心健康地享受这草长莺飞的大好春光。

·民俗文化·

春分祭日

古人对太阳的尊崇不言而喻，从两千多年前的周代开始，春分这天都要举行隆重的祭日仪式。这一仪式直到明、清时依旧长盛不衰，清代书籍有载：“春分祭日，秋分祭月，乃国之大典，士民不得擅祀。”足见其重要性。

除了官方，普通百姓也有自己独特的祭日活动。在春分之前，人们会提前蒸好一种叫做“太阳糕”的糕点。在春分之日的清晨，人们将太阳糕、香炉等物品摆放在供桌的中央，在太阳升起那一刻，一家老小朝着东边虔诚祭拜。

如今，这些祭日活动早已取消，但太阳糕仍以其香甜长留餐桌，而世人对于太阳的敬畏也丝毫没有消减，只是换成以更科学、有效的方式去探究它、了解它。

春分竖蛋

春分节气，还流行着一个古老又有趣的游戏，甚至还流传到了国外，那就是“竖蛋”。具体做法是这样的：挑选一个表面光滑的、刚生下四五天的新鲜鸡蛋，将它轻放在桌子上，试着立起来。“春分到，蛋儿俏”，在每年的春分日，许多孩子都会聚在一起玩这个游戏，据说“竖蛋”成功的人这一年都会有好运。

为什么人们认为春分日的鸡蛋可以竖立起来呢？其实这是有一定科学道理的。前面说过春分时地球处于完美的平衡状态，昼夜、寒暑都平分，此时的引力也相对稳定，所以更容易将鸡蛋竖立起来。而且鸡蛋表面有一些小凸点，可以帮助鸡蛋稳定不倒。

花朝节

花朝节又叫做“花神节”，是纪念百花生日的一个节日，各地的日期不尽相同，但都在农历二月份，也就是春分节气中。花朝节是中国古代很重要的一个节日，据说花王掌管着人间的生育之事，所以古代女子尤其重视花朝节。

唐代时，花朝节就已经形成了。武则天身为女子，自然也是爱花成痴。每年的春天，百花盛开之际，她都要让宫女采集人间百花做成花糕，并将花糕赏赐给大臣们；民间百姓也纷纷效仿，采花制糕。

在宋朝，花朝节更是十分盛行，各种节日活动也很丰富，不仅要祭花神、祝花诞，还要结伴郊游赏花，女子都喜欢相约参加“扑蝶会”，男子们则喜欢在月下饮酒赋诗。苏轼这首著名的《春夜》描写的便是花朝节美景：

春宵一刻值千金，花有清香月有阴。
歌管楼台声细细，秋千院落夜沉沉。

春日良宵无限美好，时光一刻可价值千金，花香弥漫、月影朦胧。远处的楼台歌舞不断，歌声细细传来，飘入这夜幕沉沉的秋千院落。

食俗

春分节气必吃的食物是“春菜”。岭南地区的春菜指的是野苋菜，也就是当地人说的“春碧蒿”，春分前后长得最为茂盛。所以每逢春分，人们便趁着春光到野外去挖野菜，将野苋菜和鱼片一起做成“春汤”。还有民谚说：“春汤灌脏，洗涤肝肠。阖家老少，平安健康。”而在北方地区，春菜指的是莴苣之类的蔬菜。

在一些地区，春分还要吃汤圆。农家人吃饱之后，还会将剩下的汤圆插在竹竿上，立在田坎间，这种奇特的做法叫做“黏雀子嘴”，因为农民们希望这些汤圆能够黏住麻雀的嘴巴，使它们无法再去田地里偷吃庄稼。

除此之外，春分节气还有酿酒、吃汤面、吃打卤面等习俗。

春分节气精确的平衡与对称，完美地满足了国人对于中庸美感的追求。时光流转亦如斯精确，千万年来竟从未出过丝毫差错，于是地球创造了生命的奇迹，人类创造了辉煌的文明。

大自然在春分也达到了最佳的平衡，这莺啼燕语、百花烂漫的仲春时节，一切美丽多彩都恰逢其时、刚刚好。

清明

春城何处不飞花

清明时节雨纷纷，路上行人欲断魂。

借问酒家何处有？牧童遥指杏花村。

——《清明》

描写清明的诗词作品层出不穷，但最精妙绝伦、深入人心的，当属杜牧这首脍炙人口的小诗。诗人以寥寥四句，描绘了一幅凄迷纷乱的清明春雨图景：

清明时节，江南细雨纷飞，路上行走的旅人个个都如同丢了魂魄般伤感低落。借问一句，何处有消愁的酒家？放牧的儿童指着远处的杏花村。

为何此时的雨是“纷纷”的？为何路上的行人都“欲断魂”？这场雨，这份心情，这一切，都要从“清明”说起，答案也尽在这两个字之中。

清明，是二十四节气中的第五个节气，也是春季的第五个节气，在春分之后、谷雨之前，时间为每年的 4 月 4 日或 5 日，处在仲春与暮春之交。

据《历书》记载：“春分后十五日，斗指丁，为清明，时万物皆洁齐而清明，盖时当气清景明，万物皆显，因此得名。”意思是说春分节气的十五天之后，就是清明节气，此时万物清洁明净，气候清爽、景色明朗，所以有了“清明”这一名称。

确实，此时严冬早已过去，大自然充盈着一派清新的阳气，连绵的细雨飘洒人间，处处都是清澈明朗的景象。

·物候与气候·

为更好地反映清明期间的气候变化，古人将清明节气中的十五天分为以下“三候”：

一候桐始华。桐，也就是桐花；华，通“花”。在清明节气的前五天，桐花开始盛开了。

二候田鼠化为鹌。再过五天，由于大地阳气渐盛、阴气减弱，喜阴的田鼠回到了洞中躲藏起来，而喜阳的鹌鹑渐渐增多，活跃在人们的视野之中。

三候虹始见。在清明节气的最后五天，雨后的天空开始出现了彩虹。彩虹在古代被视为阴阳交会之气，纯阴或纯阳的情况下都不会出现。清明期间雨量大幅增多，使得空气中水汽含量较高，在雨后阳光的照耀下，一道道清新明亮的彩虹为春天又增几分多彩的瑰丽。

清明期间次第开放的花也不少，其中最具代表性的三番“花信风”为桐花、麦花和柳花。

桐花是清明的“节气之花”，是清明时节最常见的一种花卉，所以往往出现在清明政治仪典、宴乐游春、祭祀思念等相关作品中。而桐花盛开之时，春已过半，甚至已近暮春，正值春夏递变之际，因此它的盛开又被视作春天进入了尾声，是送春的“使者”。在诗人的笔下，桐花也时常出现在伤春、送春的作品中，比如林逢吉诗中的“客里不知春去尽，满山风雨落桐花。”又比如方回的这首《桐花》：

怅惜年光怨子规，王孙见事一何迟。

等闲春过三分二，凭仗桐花报与知。

惆怅地叹息春光逝去，只怨杜鹃声声哀鸣，王孙公子见此情境才知岁月已晚。只有凭靠那怒放的桐花报信，才得知只在等闲之间，春天就已经过去了三分之二。

桐花开过之后，田间的小麦也抽穗开花了。麦花虽不美丽，也不起眼，对农民而言却十分重要。民谚说："小麦清明拔三节"，可见清明前后是小麦生长的绝好时机。农民们看到小麦开了花，就知道再过一个多月便可以收成了。

在清明节气的最后五天，柳树也开花了。柳絮是柳树的种子，而柳花则是柳枝上鹅黄色的穗状花序，不可混为一谈。"春城何处不飞花"，诗人们时常分不清这两者的区别，往往在诗中混用。

桐花盛开、田鼠化为鴽、和风细雨、彩虹初见、小麦抽穗、柳花绽开……随着这些清明物候的如约而至，中华大地由仲春步入暮春时节，阳气渐盛、气候宜人。

从气象上来讲，此时中国大部分地区的气温都稳定在 10℃以上，并且清明之后，还会持续回升，到谷雨前后可达15℃。"清明断雪，谷雨断霜"，此时全国范围内都难以再见到雪的踪影，在南方部分地区，甚至最高温度可达 30℃以上，仿佛提前迎来了初夏。

东南太平洋的湿暖空气阵阵吹来，使得降雨量愈发充沛，而冷暖空气的交会，又会造成时而阴雨连绵、时而阳光明媚的交替性天气。

·农事养生·

在这气候温暖、雨量充沛的春日时节，一寸光阴一寸金，智慧的劳动人民自古便懂得如何最大限度地利用每一寸春光，此时大江南北都是一片繁忙的春耕景象。

“清明前后，种瓜种豆”，这句流传已久的民谚提醒着农民们，清明正是播种的绝佳时节。尤其是瓜菜豆类等蔬菜，更要在清明时节做好播种、育苗工作。

江南地区的茶树在清明前新芽抽长旺盛，一些名茶产区已经陆续进行采制工作了。“明前茶，两片芽”，明前茶是茶中佳品，受虫害侵扰少，芽叶细嫩，色翠香幽，味醇形美，广受茶客青睐。

“梨花风起正清明”，清明时期，不少果树都进入了花期，果农们要随时注意防治病虫害，并做好人工授粉工作，以提高着果率。

农谚还说：“清明时节，麦长三节”，在这期间，北方地区的小麦开始拔节，黄淮以南地区的小麦甚至已经陆续抽穗，需要做好后期的肥水管理和病虫防治工作。

除了春耕播种工作十分繁忙，清明时一些越冬作物和早熟作物也已经成熟，到了采收的时候。莴笋、甘蓝、菠菜、芹菜、花菜、韭菜、豌豆等大量新鲜的蔬菜也随之上市了。

清明时节在保健养生方面，也需要多多重视。随着时节的变换，阳气渐盛、万物活跃，人体的循环也有所加快。中医认为，此时是人体阳气生发的高峰时段，肝火旺盛。所以需要注意阴阳平衡，以柔肝为主。

在饮食上，清明不适宜食用笋、鸡肉、辣椒、韭菜、羊肉等易上火的“发物”，而要多食用荠菜、菠菜、山药等柔肝养肺的食物，并注意适度进补，切忌过度补肝。此外，由于这个季节湿气加重，还可食用一些祛湿的食物，例如银耳、薏米等，可以祛除湿气，防止湿气入体引发疾病。

青少年就像小树苗，在春季也是长势最快的，他们的茁壮成长需要大量营养物质。在清明前后，青少年尤其需要强化营养，奶、蛋、豆类以及新鲜的蔬菜水果都是孩子们不可缺少的营养物质。只有摄入足够的营养，并保持充足的睡眠时长，孩子们才能长得更高、更壮、更健康。此外，还需要加强体育锻炼，刺激生长。

清明时节，气候宜人、空气清新、山青水绿，无论男女老少，都应该多多参加户外活动，与大自然亲密接触，保持身心的舒畅与健康。

·清明节与寒食节、上巳节·

经过几千年的演变，清明早已不再只是一个单纯的节气，还成为一个全民性的狂欢节日。并且现在的清明节，一定程度上还融合了原本的寒食节和上巳节，包含了三个节日的传统文化。所以要了解清明，首先要深入了解这三个节日。

寒食节起源于春秋时期。据说当年晋国公子重耳因“骊姬之难”流亡在外，在艰苦逃亡的日子里，他的随从介之推多次在危难时刻保护他，甚至还不惜割下自己身上的肉让重耳充饥，实在是感人肺腑。

后来，重耳终于回到晋国，当上了国君，成为春秋一代霸主——晋文公。他念及介之推当年的恩情，想要封赏他。然而，介之推却不愿意接受封赏，宁愿带着老母亲隐居山林。为了请介之推出山接受封赏，晋文公偏听了谋臣的建议：大火烧山。可没想到的是，介之推宁可被大火烧死，也不愿意下山。

大火熄灭后，介之推母子抱着一棵柳树，已经死去了。山林一片狼藉，一片衣襟却完好无损，上面题了一首血诗：

割肉奉君尽丹心，但愿主公常清明。
柳下作鬼终不见，强似伴君作谏臣。
倘若主公心有我，忆我之时常自省。
臣在九泉心无愧，勤政清明复清明。

我当年割肉侍奉您，一片赤诚之心，只愿主公常怀清明之心。我在柳树下化作鬼魂再也不能相见，却还希望像谏臣一样陪伴在你身边。倘若主公心中还有我，日后想起我时要常常反省。我在九泉之下无愧于心，只望你勤于政务，将国家治理得一派清明。

晋文公看了诗，追悔莫及、痛哭流涕，然而终究是无力回天了。他为了纪念介之推，将这一天定为寒食节。

到了第二年，晋文公率领群臣登上那座山祭奠介之推，发现死去的老柳树竟然又发出了嫩芽，十分惊喜，便将这颗柳树赐名为“清明柳”，并昭告天下，将寒食节之后这一天定为清明节。

所以，清明节和寒食节一样，原本都是为了纪念介之推，最初是祭祀死去故人的节日。

上巳节也是古代非常重要的一个节日，俗称“三月三”。自周代开始，三月初三这日，人们就会在水边举行祭祀活动，以驱除邪气、祈祷吉福。到了魏晋时期，三月三就正式被称为“上巳节”。每逢上巳节，上至帝王后妃、下至平民百姓，都会去野外春游踏青、临水饮宴，更有“曲水流觞”的雅趣。东晋永和九年的上巳节，大书法家王羲之和文友在兰亭边举行曲水流觞游戏，由此诞生了著名的“天下第一行书”——《兰亭集序》。后来，曲水流觞的活动经久不衰，成为文人墨客春游时最喜爱的游戏。

在唐代，上巳节更是风靡全国。诗人杜甫就曾作《丽人行》，生动描绘了杨贵妃的姐姐——虢国夫人春游曲江的场景。诗中这样写道：

三月三日天气新，长安水边多丽人。
态浓意远淑且真，肌理细腻骨肉匀。

三月三日天气清新，长安的曲江水岸边聚集了许多美丽的女子。她们姿态浓艳、神情悠远，文静而自然，肌肤细腻、骨肉匀称。

可见在古代，上巳节就是一个全民春游的盛大节日，十分热闹。

由于寒食节、上巳节的时间与清明节相近，后来这三个节日渐渐融合，文化和习俗界限都渐渐模糊，最终合而为一，演变成了今天的清明节。寒食节、上巳节日渐式微，而清明节却以更加昂扬的姿态，成为我们的传统节日之一。

·民俗文化·

禁火寒食

禁火寒食的习俗起源于上面所说的寒食节，最初是为了纪念介之推，此后相沿成习。每逢清明节的前几天，家家户户都禁止生火，还要吃冷食。

扫墓祭祖

扫墓祭祖是清明期间最主流的传统活动。可以说，无论中华儿女身在何处，每逢细雨纷纷的清明时节，都会回到家乡祭拜祖先。那些因为路途遥远、工作繁忙不能回乡的，也都会点上一支香蜡，烧上几把纸钱，以遥寄哀思。

踏青

清明节还是一个休闲的节日，人们往往会在这天出游踏青，游览美丽的春景。清明放假可不是现代才有的先例，而是自古有之，早在唐宋时期，每年的清明节就是“法定节假日”，假期有四到七天时间不等。人们扫完墓，便约上家人朋友一起去郊外春游，享受这明媚的大好春光。宋代著名理学家程颢就曾作《郊行即事》，记录了清明时节春游踏青的情景：

芳原绿野恣行时，春入遥山碧四围。
兴逐乱红穿柳巷，困临流水坐苔矶。
莫辞盏酒十分劝，只恐风花一片飞。
况是清明好天气，不妨游衍莫忘归。

在芳草丛生的野地间尽情游赏，春意铺满了远山，四周一片碧绿。兴致勃勃地追逐着飘舞的花瓣，穿过杨柳小巷，困倦时便坐在溪水边布满青苔的石阶上休息。莫要推辞这杯美酒，我是怀着十分的诚意在劝你，只怕那春风吹落花儿，片片飞去。况且清明时节如此风清气朗的好天气，何不恣意游玩、流连忘返呢。

春游踏青除了游赏春景，有趣的活动也很多，如折柳、放风筝、荡秋千、蹴鞠等。

人们在春游时，看到河岸边嫩绿的柳枝，便心生爱意，忍不住折下几枝，编成柳圈戴在头上，这就是“戴柳”。农民们还会在归家之时，带回一些杨柳枝插在家门上，这就是“插柳”。据说插戴柳枝可以辟邪，还可以摆脱病虫害。此外，柳与“留”同音，因此包含着留恋、留别等意义，所以“赠柳”的习俗也很流行。《诗经》有云：“昔我往矣，杨柳依依”，李白也有诗云：“此夜曲中闻折柳，何人不起故园情”。在离别之时，人们往往会折一柳枝赠与对方，以表达不舍之情。

清明放风筝的习俗也流行已久，唐代以后，人们甚至将清明节称为“风筝节”。踏青的时候，天空中随处可见各式各样的风筝。人们将风筝放得高高的，再剪断线，任其飞走，据说可以驱除晦气和病害。

“十年蹴踘将雏远，万里秋千习俗同。”荡秋千和蹴鞠也是清明时节老少皆宜的娱乐活动，从古至今都广受欢迎。

吃青团

清明时节，江南地区家家户户都会吃青团。青团是一种极具特色的传统小吃，以浆麦草或青艾汁为原材料，和糯米粉搅拌均匀，再包入豆沙等馅料。蒸熟之后，青团表面通体碧绿，就像清明时节盎然的绿色，还散发着淡淡的青草香气。

青团可用于给祖先祭祀、上坟，也可用于日常食用，是清明民俗中一个尤为重要的元素。

清明对于中国人的意义之重大，远胜其他节气。因为它并非只是一个反映物候变化的节气，也是一个十分重要的节日，还包含着更多的思想内涵：对故去之人的哀思、对深厚历史文化的传承、对最绚烂春意的欣赏……它既庄严肃穆，又活泼生动，既不忘过往，又满怀希望。

谷雨

茶煎谷雨春

谷雨如丝复似尘，煮瓶浮蜡正尝新。
牡丹破萼樱桃熟，未许飞花减却春。
——《晚春田园杂兴》

谷雨时节的雨水，像丝又像尘，那煮酒的瓶子还有一层蜡涂在上面，正是品尝新酿酒的好时候。这一时节，牡丹花开了，樱桃熟了，过不了多久，就要花谢花飞，春天也就跟着去了。

谷雨，春季的最后一个节气，也是二十四节气当中的第六个节气，在清明之后、立夏之前，时间为每年的 4 月 20 日左右。

谷雨，来源自古人“雨生百谷”的说法。《群芳谱》上就说：“谷雨，谷得雨而生也。”意思是说，谷雨期间，天气较为暖和，降雨量增加，大大有利于各种谷类农作物的生长，也就是说下雨会促进谷类生长。同时，谷雨也是播种移苗、种瓜种豆的最佳时节。

古代所谓“雨生百谷”的说法，反映了“谷雨”对古代农业的指导意义。但雨水过量或者过少的话，则往往会对农作物造成危害，影响后期的产量。

·物候与气候·

我国古代将谷雨分为这样三个物候：

一候萍始生，意思是谷雨后降雨量增多，河里的浮萍开始生长了。浮萍是一种常见的水生植物，浮在水面上，喜爱温暖的气候和潮湿的环境，而谷雨期间，全国各地大多温暖潮湿。

二候鸣鸠拂其羽，意思是布谷鸟开始啼叫，提醒人们该播种了。布谷鸟，其实就是大杜鹃鸟，因为它的叫声“布谷、布谷”，所以才被称作布谷鸟。只要它一叫，农民伯伯就知道要播种了。

三候戴胜降于桑，意思是桑树上开始能见到戴胜鸟了。戴胜鸟，又名鸡冠鸟，嘴巴非常细长，像极了啄木鸟。本是在地上觅食的一种鸟类，但一到谷雨时节，它就会飞到桑树上筑巢繁殖，喂养幼小的后代。原因很简单，因为谷雨时节，降雨量增多，在桑树上筑巢可以遮风挡雨。

的确，谷雨后，降雨明显增多，空气中的湿度也会逐渐增大，北方地区的桃花、杏花等相继开放，蔚为壮观，是观赏百花的最好时候；杨絮和柳絮四处飞扬，宛如冬天下雪一般，一派阳春三月时的热闹景象。

而在南方则是另外一番景象了：“杨花落尽子规啼。”柳絮飞落，杜鹃夜夜啼叫，牡丹花开，樱桃红熟。所有这一切都在告诉我们，这已经是暮春时节了。暮春时节自有一番美妙，正如南朝文学家丘迟所说：“暮春三月，江南草长，杂花生树，群莺乱飞。”农历三月份的暮春时节，江南的花草都在疯狂地生长着，在田野间夹杂着花草的树林间，莺飞燕舞，一群群，一对对，好不热闹。

谷雨一到，预示着美好的春天马上就要结束了，夏天要来了，所以，喜欢春天的朋友们，得赶紧趁着谷雨时节出去多走走、多看看，领略春天留给我们的最后一抹美好。

·农事养生·

谷雨时节，农田中的秧苗、作物新种，都需要雨水的滋润，所以，人们才说“春雨贵如油”，但更多是针对北方而言的。此时，我国南方大部分地区雨水较为充足，对水稻栽插和玉米、棉花的生长有利。但华北地区雨水就不足了，需要进行人工灌溉，从而减少干旱的影响。

需要注意的是，谷雨时气温偏高，阴雨连绵，病虫害比较流行。广大农村应该搞好病虫害的防治工作。

对于人体而言，谷雨不比清明的阳春景致。由于谷雨节气降雨增多，空气中的湿度会逐渐加大。同时天气转暖，人们的室外活动增加，北方地区的桃花、杏花等开放；杨絮、柳絮四处飞扬，过敏体质的朋友应注意防止花粉症及过敏性鼻炎。

·民俗文化·

关于谷雨节气的习俗有不少，比如祭仓颉、禁杀五毒、走谷雨、喝谷雨茶、渔家祭海、食香椿、赏牡丹花等。下面，就让我们逐一来看一看。

祭仓颉

大约在 4500 多年前，中华大地还处在部落联盟时期，黄帝轩辕被部落首领们拥戴为部落联盟的领袖，他命仓颉为左史官。仓颉做了史官以后，用不同类型的贝壳和绳结的大小、横竖为标记，来记载部落联盟中的各种事务。可是，随着仓颉主管的事务越来越多，这种简单的办法已经远远不能适应需求了，仓颉很犯愁。最终，仓颉发明了文字。这种文字经过长时间的不断演变，才最终形成了今天的汉字。所以，我们今天能够使用汉字，归根结底还是要感谢仓颉。

后世人们为了纪念仓颉的伟大发明，每年谷雨时，仓颉庙都要举行传统的庙会，时间长达七至十天。在这期间，成千上万的人们从四面八方汇聚于此，举行隆重热烈的迎仓圣进庙，还会举办盛大庄严的祭奠仪式，缅怀和祭祀文字的始祖仓颉。

人们扭秧歌，跑竹马，耍社火，表演武术，敲锣打鼓，演大戏，表达对仓颉的崇敬和怀念。

禁杀五毒

到了谷雨时节，由于气温升高，加上降雨量增多，导致天气开始闷热潮湿。这样的天气正有利于害虫的生长和繁殖，因此，病虫害进入高发期。为了减轻病虫害对农作物以及人体的伤害，农民伯伯们一边进田消灭害虫，一边张贴谷雨贴，进行驱凶纳吉的祈祷。这一习俗在山东、山西、陕西一带十分流行。

谷雨贴，属于年画的一种，上面绘着神鸡捉蝎、天师除五毒等形象，寄托人们查杀害虫、盼望丰收安宁的心理。

走谷雨

古时候有“走谷雨”的风俗：一般在谷雨这天，青年妇女走村串亲，或者到野外走走，与大自然相融合，强身健体，是一种与清明踏青类似的活动。

喝谷雨茶

传说，谷雨这天的茶喝了会清火辟邪，还能够使眼睛更加明亮，所以，在适合种植茶叶的南方地区，多有谷雨摘茶的习俗。谷雨这天无论是什么天气，人们都会去茶山上摘一些新茶回来喝，以祈求身体健康。

关于这一点，历朝历代的诗歌都有证明。

北宋著名诗人林和靖在《尝茶次寄越僧灵皎》一诗中就说了：

白云峰下两枪新，腻绿长鲜谷雨春。

静试恰如湖上雪，对尝兼忆剡中人。

瓶悬金粉师应有，筯点琼花我自珍。

清话几时搔首后，愿与松色劝三巡。

谷雨时节的春天，在云雾缭绕的白云峰下，长长的嫩绿的茶叶一看就觉得鲜香无比。采摘下来泡上一壶，喝上一口，像极了冬天时节湖上的雪，纯净而美妙；与好友一起品尝，又能让人回想起从前的高僧旧友。

清代著名诗人、画家郑板桥也爱喝茶，尤其爱喝谷雨时节的新茶。他在一首七言诗中写道：

不风不雨正晴和，翠竹亭亭好节柯。
最爱晚凉佳客至，一壶新茗泡松萝。
几枝新叶萧萧竹，数笔横皴淡淡山。
正好清明连谷雨，一杯香茗坐其间。

既不刮风也不下雨，天气一片晴好，旁边的翠竹真是好看。我最喜欢的还是晚凉时分，与我有着相同情趣的朋友来到，然后我们俩便会泡上一壶新茶，慢慢地谈天说地。正好是清明时节连着谷雨时节，泡上一杯谷雨茶就可以坐一天了。

渔家祭海

毫无疑问，这是沿海居民的谷雨习俗。谷雨时节，正是海水温暖的时候，许多鱼都会游到浅海地带，这是下海捕鱼的好日子。俗话说“骑着谷雨上网场”。为了能够出海平安、满载而归，在谷雨这一天，渔民一般都要举行海祭，祈祷海神的保佑。

因此，谷雨节也叫做渔民出海捕鱼的“壮行节”。旧时，沿海的每一个村庄都会有一座海神庙或是娘娘庙。祭祀时刻一到，渔民便抬着供品到海神庙、娘娘庙前摆供祭祀，有的则将供品抬到海边，敲锣打鼓，燃放鞭炮，面对着大海祭祀，场面十分隆重。

食香椿

这是我国北方的习俗。谷雨前后是香椿成熟上市的时节，这时的香椿醇香爽口，营养价值高，有“雨前香椿嫩如丝”之说。为什么要吃香椿呢？因为香椿具有提高机体免疫力、止泻、润肤、抗菌、消炎、杀虫等多种功效。

赏牡丹花

谷雨前后，正是牡丹花开的时节，因此，牡丹花也被称为“谷雨花”。“谷雨三朝看牡丹”，赏牡丹成为人们谷雨时节重要的娱乐活动。

周敦颐说："自李唐来，世人甚爱牡丹。"唐末诗人王贞白在《白牡丹》一诗中就说了：

谷雨洗纤素，裁为白牡丹。
异香开玉合，轻粉泥银盘。
晓贮露华湿，宵倾月魄寒。
家人淡妆罢，无语倚朱栏。

哎呀！谷雨到了，我得把手给洗干净了，好去摘那国色天香的白牡丹。家里的女眷都涂了一层淡妆，去欣赏那千娇百媚的白牡丹。她们被那白牡丹的天姿所吸引，都静静地倚靠着朱红色的栏杆不说话。

时至今日，山东、河南、四川等地还于谷雨时节举行牡丹花会，供人们游乐聚会。

其实，不管哪一个节气的民间习俗，其本质都是一样的，顺应天时地利与人和，祈求上苍的眷顾，让自己能够生活得更好。正是这些简单而质朴的理想与愿望，才使得我们脚下的这片土地充满着神奇和希望，才使得我们中华民族生生不息。

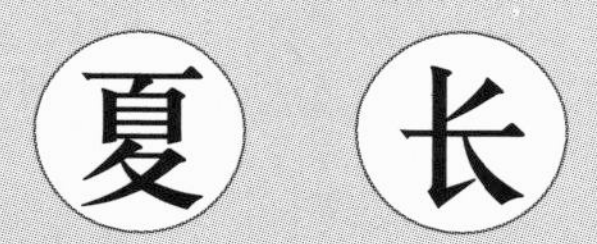
夏 长

立夏

残红一片无寻处

芳景销残暑气生，感时思事坐含情。

无人开口共谁语，有酒回头还自倾。

醉对数丛红芍药，渴尝一碗绿昌明。

春归似遣莺留语，好住园林三两声。

——《春尽日》

芬芳散去、春景残败，夏日的炎热气息渐浓。不由得令人感叹时节变迁，心事重重，独坐在小院中。没有人能陪我说说话，只能喝尽杯中酒，自己又再倒上一杯。酒后醉倒在几丛芍药花中，渴望喝一碗昌明绿茶。春天的离去似乎也带走了黄莺的歌声，园林间依稀只能听到三两声莺啼。

唐代诗人白居易这首《春尽日》，描写了春末初夏时节的景致，诗中抒发了三分对春光易逝的不舍，还有七分对生活的热爱。春天再美，也终将会有“芳景销残”的时候。然而，在伤春之余，也不要忘了，四季轮转是亘古不变的，所有逝去的，都将会以更加美好的方式，再次回归。

春日已尽，夏日绵长，中华大地陆续步入了炎热的夏季，迎来了夏季的第一个节气——立夏。是的，立夏的另一个名字，便是白居易诗中的“春尽日”。

立夏，是二十四节气中的第七个节气，也是夏季的第一个节气，在谷雨之后、小满之前，时间为每年的 5 月 5 日或 6 日前后。立夏早在战国时期就已经正式确立了。它代表了春季的结束、夏季的到来。

《月令七十二候集解》上说：“立夏，四月节。立字解见春。夏，假也。物至此时皆假大也。”意思是说，立夏，在农历四月份。立夏的“立”和立春的“立”意义相同，都是开始的意思。假通大，“夏”，也就是大的意思。到了夏日时节，万物都渐渐长大了。

的确，此时大江南北的气温都再度上升，雷雨也普遍增多，酷热的夏天即将到来，农作物也进入生长的旺季。

·物候与气候·

为更好地反映立夏期间的气候变化，古人将立夏节气中的十五天分为以下“三候”：

一候蝼蝈鸣。蝼蝈是一种体型狭长的蛙属动物，一入立夏，便能够依稀听到蝼蝈在田野间一阵阵的鸣叫声。

二候蚯蚓出。在立夏节气的中间五天，蚯蚓渐渐从土里爬出来，在地里掘土。

三候王瓜生。再过五天，王瓜的藤蔓开始快速攀爬生长，过不了多久，就可成熟采摘了。《礼记·月令》中也有记载：“孟夏之月王瓜生，苦菜秀。”孟夏之月就是指初夏。

这三个物候反映了在初夏时节，许多动物都开始活跃，植物也进入了生长繁殖的旺盛时期，可以说是“万物繁茂”，这些都与此时的气候条件密不可分。

夏天是阳气旺盛、光明与繁荣的象征，是最为耀眼的季节。立夏是夏季的开端，日照时间不断变长，气温也大幅升高，而降雨量却南北不同、截然相反——在华北、西北等地区，虽然气温急速回升，但降雨却偏少，并且随着季风的增多，水分蒸发强烈，因此立夏时北方大部分地区的大气较为干燥，易发生旱情；而江南地区则会在立夏之后进入雨季，迎来一段绵长的阴雨天气，又称为“夏汛”，降雨量几乎接近全年最高峰，非常潮湿。

根据气候学的标准，日平均气温稳定在22℃以上，便是真正的夏季。

虽然此时已进入天文学意义上的夏季，但能够达到气候学标准的，只有福州到南岭一线以南的地区。全国大部分地区的平均气温在 18 ～ 20℃，而在北部寒冷地区，此时才刚进入春季。

·农事养生·

农谚说："立夏看夏。"说的就是在立夏时节，夏秋作物进入生长后期，收成情况基本已成定局，可根据此时的生长情况来估计作物产量。

此时冬小麦陆续扬花灌浆，油菜花也渐渐成熟了，而春播作物的管理也进入了繁忙的季节，棉花、玉米、高粱、谷子等大田作物也陆续出苗，需要及时做好查苗补种工作。在农作物快速生长的繁盛期，当然也要做好灌溉和施肥的工作，以提供最佳的生长条件。

南方地区在立夏前后容易出现阴雨连绵的天气，会引发农作物的湿害，还可能导致多种病害的流行。而小麦在抽穗扬花的时期，是最容易感染赤霉病的，因此一定要注意在花期喷药施治；棉花在这空气潮湿、温差较大的季节也容易患上炭疽病、立枯病等各种病害，造成死苗或缺苗，所以要积极采取相关的增温降湿措施和药剂防治，以保全苗壮苗。

华北、西北等地区此时不同于江南的多雨潮湿，反而干热风来袭、土壤容易干旱，这都会严重影响冬小麦的正常生长，也不利于棉花、玉米、高粱等春作物苗期的生长。所以需要采取中耕、补水等多种手段，多管齐下抗旱防灾，确保取得高产。"立夏三天遍地锄""一天不锄草，三天锄不了"，由于杂草生长茂盛，还需要及时除草，保护农作物的水分和营养。

"多插立夏秧，谷子收满仓"，立夏前后大江南北都进入了早稻插秧的农忙时节，插秧工作结束了，还需要加强田间管理，做好追肥、耕田、防治病虫等相关工作。

“谷雨很少摘，立夏摘不辍”，这句著名的农谚是在说，在谷雨的时候，还有大量的茶叶尚未成熟，但在立夏时节春梢发育非常之快，稍不注意茶叶便成熟、老化了。为了能够采摘出更加鲜嫩美味的茶叶，立夏前后需要抓紧时间分批采收茶叶。

夏季不仅农作物容易发生病害，家禽家畜也有发生瘟疫的风险，需要紧抓防疫工作，杜绝畜牧瘟疫的爆发。

从养生的角度来讲，夏季属火，而五脏主心。传统中医也认为，夏季阳气最强，“暑易入心”，导致心火旺盛。可见夏季养生的重点在于防暑，只有注重清心败火，才能正确地养护心脏。

如何防暑养心呢？一方面，要控制烦躁的情绪，保持平静舒畅的心情，以求“心静自然凉”；另一方面，要注重食补——夏季适宜多吃清淡、易消化的食物，少吃油腻辛辣的食物，除了新鲜蔬菜、水果、粗粮，还可适当补充蛋白质肉类，以及绿豆粥、荷叶粥等生津止渴、帮助消暑的食物。不过，切忌为快速降温而过多食用冰箱中的冷冻食物，也不可为了追求凉快而过度减衣。

夏季是植物生长最快的时期，也是儿童发育最快的时节，所以此时要特别注意补充营养，可通过日常饮食来加强补充维生素和钙等生长发育所需的必要元素。当然，充足的睡眠和适当的体育锻炼也是必要的，可帮助儿童增强免疫力，更加健康地茁壮成长。

·民俗文化·

迎夏

前面提到立春节气有“迎春”的古俗，在立夏节气，与之对应的，古代也有十分隆重的“迎夏”习俗。《礼记·月令》有载：“立夏之日，天子亲帅三公、九卿、大夫以迎夏于南郊。”可见最早可追溯至周代，每年的立夏这天，天子都要亲自率领大臣们到南郊去举行盛大的迎夏仪式。在中国古代，红色代表着庄稼成熟的颜色，所以在迎夏仪式上，君臣上下都要穿红色的礼服，马车必须是红色的，连车子上插的旗帜也必须是红色的，这寄托了人们丰收的愿望。

在迎夏仪式上，天子要祭祀神赤帝祝融。祭祀结束后，天子还会“启冰，赐文武大臣”，也就是命人挖出冬天窖存的冰块，赏赐给大臣们。大臣们带着皇帝赏赐的冰块回家，制作成清凉的冷饮，供家人饮用。这些难得的冰块，为古代人民在炎热夏日送去了一抹冰凉的喜悦。

秤人

在中国古代南方地区，立夏时节流传着立夏“秤人”的习俗。秤人，也就是用一杆大秤，秤出人们的体重。

为什么要在立夏这日称体重呢？据说这一习俗起源于三国时期。一种说法是：诸葛亮在临终之前嘱托孟获每年都要去看望后主刘禅一次，好好照顾他。此后孟获遵守承诺，在每年的立夏这天都去看望刘禅，即使后来蜀国灭亡，刘禅远在洛阳，孟获也年年如约而至。为了判断刘禅这一年来过得好不好，有没有在晋国受委屈，孟获想了一个办法——称一称刘禅的体重。如果刘禅变重了，就说明他过得很好，反之则过得不好。另一种说法是：当年刘备娶了孙吴郡主孙尚香之后，便把儿子阿斗交给孙夫人抚养，美丽聪明的孙夫人在每年的立夏这天都会称一称阿斗的体重，以表示孩子被养得白白胖胖的，好让刘备放心。

虽然秤人的来由说法不一，但渐渐地，民间相沿成俗，人们在立夏这日争相称体重，以此来观察夏天的身体变化。每逢立夏，人们用麻绳把一杆大秤吊在房梁或树杈上，下面悬挂一把椅子，被称的人就轮流坐上去，称重的时候还要说一些吉利话——小孩子们往往会说：“秤花一打二十三，小官人长大会出山”；姑娘们会说：“一百零五斤，员外人家找上门”；而老人们一般会说：“秤花八十七，活到九十一”。这一习俗热闹有趣，寄托了男女老少最美好的愿望。

饮食风俗

正所谓“民以食为天”，立夏节气自古便有着非常丰富多彩的饮食风俗。

“立夏蛋”是立夏最经典的食俗之一。一般在立夏前一天，南方地区家家户户就开始着手煮立夏蛋了。可以清水煮蛋，也可以用茶叶末煮蛋，也就是我们今天说的茶叶蛋。在炎热的夏天，小孩子容易疲劳乏力、食欲消退，引发病症。“立夏吃了蛋，热天不疰夏”，据说立夏吃蛋可以补充营养、强健身体。立夏这天，人们还会用彩线编织成蛋套，放入煮熟的蛋，挂在小孩子胸前，这样就可以远离“疰夏”，孩子们还可以用来玩“斗蛋”的游戏，趣味十足。

立夏前后，大量作物的成熟，催生了“立夏尝新”的习俗。有些地方会用青梅、樱桃、麦子祭祖敬神，又叫“立夏尝三鲜”；在镇江，则要“尝八鲜”，八鲜，包含了樱桃、笋、新茶、新麦、蚕豆、杨花萝卜、鲥鱼、黄鱼八种食物；在常州地区，又有“地上三鲜”“树上三鲜”“水中三鲜”的说法；浙江农村会在立夏这天吃“七家粥”，江西则是“七家茶”；在福建地区，“光饼”“鼎边糊”都是立夏必不可少的食物。

立夏时节新茶上市，所以饮茶也是这期间一个主流的食俗。“立夏不饮茶，一夏苦难熬”，足见立夏饮茶的重要性。夏日饮茶有助于清热解毒、消暑明目，在很多地方，立夏都要煮一壶上好的新茶，再配以精致的瓜果、点心，既用于自家食用，也要分送给左邻右舍。

立夏期间还有吃“乌米饭”的民俗。乌米饭又叫做“青精饭”，唐代大诗人杜甫就曾有“岂无青精饭，使我颜色好”的诗句。乌米饭这一传统食俗的来源，一说跟释迦牟尼的弟子目连有关，一说跟战国时期著名军事家孙膑有关。乌米饭是一种紫黑色的糯米饭，烹制方法大约如下：先采集野生植物乌饭树的叶子煮成汤汁，放入糯米浸泡半天，然后捞出蒸熟即可。乌米饭可以祛风解毒，防蚊叮虫咬，很适合夏天食用。

在绿荫浓郁、艳阳高照的初夏时节，最惬意不过的，就是寻一处幽静山野，居一所雅致亭台，忘却所有尘世烦恼，一心感受大自然的静谧和奇妙。正如唐末将领高骈在诗作《山亭夏日》中所描绘的：

绿树阴浓夏日长，楼台倒影入池塘。

水晶帘动微风起，满架蔷薇一院香。

绿树蔽日，遍地浓荫，夏天白昼漫长。楼台影子，倒映池塘，宛若镜中美景。微风轻拂，水波荡漾，好像水晶帘幕轻轻摆动。满架蔷薇，艳丽夺目，院中早已弥漫阵阵清香。

四季轮转不息，诉说着无尽的情长。我们在立夏时节，送走阑珊的春、迎来蓬勃的夏，并等待着成熟的秋和漫漫的冬……

小满

才了蚕桑又插田

斜阳照墟落，穷巷牛羊归。

野老念牧童，倚杖候荆扉。

雉雊麦苗秀，蚕眠桑叶稀。

田夫荷锄至，相见语依依。

即此羡闲逸，怅然吟式微。

——《渭川田家》

宁静的村庄，处处掩映在夕阳的余晖之中，牛羊沿着深巷纷纷归来。老人家惦记着那放牧的孙儿，拄着拐杖，等候在自家的门口。雉鸡鸣叫，麦苗即将抽穗，蚕儿睡去，桑叶已经非常稀薄了。农夫们扛着锄头回到了村里，彼此相见了，一片欢声笑语。如此安逸的农家生活怎不叫人羡慕呢？我不禁怅然地吟起了《式微》。

这是唐代诗人王维写的一首诗，描写了小满时节农村夕阳西下、牛羊归来、老人倚杖等一系列宁静而和谐的景色，为我们展现了一幅平静闲适的农村生活画卷。自然清新，诗意盎然，这正是属于小满节气的独特魅力。

小满，夏季的第二个节气，也是二十四节气当中的第八个节气，在立夏之后、芒种之前，时间为农历 4 月中旬，也就是阳历的 5 月 21 日左右。

小满这个名称的来源，据《历书》中记载是这样的：“四月中，小满者，物致于此小得盈满。”意思是说农历四月中旬，便是小满节气，此时，农作物的籽粒日渐饱满。

其实，每一个节气都可以顾名思义，小满当然也不例外。小满的“满”字，有两层含义，其一便是上面所说的农作物籽粒饱满，但还没有完全成熟；其二就是雨水充足饱满，田地里水分充盈。

·物候与气候·

我国古代将小满分为这样三候：

一候苦菜秀。意思是小满时节，苦菜生长茂盛，遍地都是。

二候靡草死。靡草是一种喜阴的植物，夏天一到，阳光越来越强，阴性的植物就难以存活，渐渐枯萎死去。

三候麦秋至。意思是小麦在小满时节粒粒饱满，过不了多久就能成熟了。

可见小满时节，阳气旺盛，降雨增多，万物繁盛，小麦等许多夏熟作物都开始成熟，夏天的气息越来越浓了。

唐代大诗人元稹在《咏廿四气诗·小满四月中》一诗中这样写道：

小满气全时，如何靡草衰。
田家私黍稷，方伯问蚕丝。
杏麦修镰钐，锄笼竖棘篱。
向来看苦菜，独秀也何为？

这首诗详尽描绘了小满时节的物候景象，诗的意思是说：小满时节，阳气旺盛，阴性的植物靡草都枯萎了。农民伯伯们在田间忙作耕种，官员关心蚕民们养的蚕吐丝情况是否良好。家家户户都已经准备好了收割小麦的镰刀，也用荆棘围成了一圈篱笆。小满时节向来都是苦菜独自茂盛，不知道是因为什么。

靡草枯衰，苦菜茂盛，小麦渐黄，春蚕吐丝，这是元稹笔下唐代的小满，也是千百年后今天的小满，可以说万古如一。

小满之后，气温日渐升高，北方也越来越暖和，南方部分地区甚至开始出现35℃以上的高温。农民伯伯们不惧夏雨，更不畏炎热，一日也不偷懒地在田间辛勤劳作。

·农事养生·

小满节气对于农业的影响，主要体现在以下几句农谚中：

小满大满江河满——初夏的雨水灌满了江河湖泊，以满足之后的农业用水需求。但如果这年小满时节，江河没有满，那农民伯伯们可就要着急了，因为这代表着今年遇上了干旱，田地里的庄稼可就要遭殃了。所以，小满“满不满”，对于农民伯伯们来说可是件天大的事。

但此时南方的暴雨开始增多，对于原本就不缺水的南方而言，如果降水过于频繁，就会超出地表的承载能力，淹没农田，甚至淹没城市的道路交通，城市“看海”的形象就会出现。

小满麦渐黄——小满时节，小麦遍地金黄。农民伯伯们已经开始着手准备收割小麦了。收割小麦的最佳时节就是在小满之后、芒种之前，所以，又有“小满割不得，芒种割不及”的说法。

北宋大文豪欧阳修在《小满》这首诗中就说：

夜莺啼绿柳，皓月醒长空。
最爱垄头麦，迎风笑落红。

夜莺啼叫，绿柳飘扬，明净的夜晚，一轮皓月当空。最令人喜爱的还是那垄头的小麦，迎着风在一片落红中笑着。

除了宜收割小麦，小满还是最适宜给水稻插秧的时节，这也正如农谚所说“立夏小满正栽秧”。因为此时充足的雨水能让水稻更好地生长发育，一旦缺水，则需要进行人工灌溉。

宋代诗人翁卷在《乡村四月》中就写道：

绿遍山原白满川，子规声里雨如烟。
乡村四月闲人少，才了蚕桑又插田。

山坡田野间草木茂盛，稻田里的水色与天光相互辉映，杜鹃鸟声声啼叫，天空中烟雨蒙蒙，如雾如烟。四月到了，乡村之中没有人闲着，刚刚结束了蚕桑的事，紧接着又要忙着插秧了。

这首诗以清新明快的笔调，描写了江南农村小满时节的旖旎风光，表达了诗人对乡村生活的热爱与向往。

小满时节，万物繁茂，生长最为旺盛，人体的生理活动也处于最旺盛的时期，消耗的营养物质也就最多，应及时补充营养。因此在小满时节，喝汤就显得十分重要，如绿豆汤、苦瓜牛肉汤、荠菜生姜鱼头汤、西洋参红枣生鱼汤等，这些都具清热、养阴、祛湿、温补等功效。

·民俗文化·

小满时节，除了农耕繁忙，民间也有很多丰富的民俗活动。

吃苦菜

苦菜是一种野菜的名称，因为吃起来味道苦涩，所以叫做苦菜。它的历史非常久远，《周书》里面就有“小满之日苦菜秀”的记载。可见远在周朝时，人们就有在小满那天吃苦菜的习俗。古时候农业发展水平有限，食物不像今天这么充足，人们经常吃不饱饭。而小满时节，苦菜遍地生长，人们就以此来充饥。

苦菜虽然是一种野菜，但营养却很丰富，含有很多人体所需的维生素、矿物质、糖类等。李时珍的《本草纲目》中也有相关记载，他称苦菜为“天香草”，有清热解毒、安心益气的作用，医用价值不小。

据说当年红军长征，食物匮乏，就是多亏了沿途有苦菜，才能渡过难关，取得最后的胜利。所以江西有一首歌谣是这么唱的：“苦苦菜，花儿黄，又当野菜又当粮，红军吃了上战场，英勇杀敌打胜仗。”

直到今天，西北宁夏等地区还保留着吃苦菜的习俗。人们先是将苦菜在开水中烫熟，捞起来放冷，然后加入各种作料凉拌，口感清香，苦中有甜，十分开胃。来年的小满时节，大家不妨亲自去野外摘一把苦菜，品尝一下风味十足的古老食材。

祭车神

在古代传说中，二车神是一条小白龙，它掌管着人间的雨水。所以在小满那天，人们在水车上放上鱼肉、香烛等祭祀品，还要额外放一杯水，祭祀的时候将水泼到田里去。据说，小白龙会保佑来年风调雨顺、雨水充足。

祭蚕

我国古代的农耕文化是“男耕女织”，男人耕地，女人织布。在南方，织布的原材料就是蚕丝，所以江浙一带家家户户都会养蚕。传说小满这天，就是蚕神的生日，养蚕的人家便会祭祀蚕神，虔诚祈祷蚕宝宝们能够健康成长，将来吐很多蚕丝。

关于养蚕，宋代大诗人范成大在《缫丝行》中就说：

小麦青青大麦黄，原头日出天色凉。
姑妇相呼有忙事，舍后煮茧门前香。
缫车嘈嘈似风雨，茧厚丝长无断缕。
今年那暇织绢著，明日西门卖丝去。

小麦青青，大麦金黄，太阳跃出了地平线，天气凉爽。村里的姑娘妇人们相互呼唤着，彼此之间都有很多事情要做，在屋后煮茧，香气溢满了左邻右舍。缫车在响个不停，嘈嘈声似风声雨声，蚕茧厚实，蚕丝细长，没有一丝一缕是断的。今年哪有闲暇时间去织绢织布，都想着明天去那西门集市卖丝去。

范成大不愧是田园诗人，所写的都是令人向往的田园生活。这首诗便描写了小满时节蚕茧收获后，村妇们忙着煮茧、缫丝、卖丝的繁忙景象，给人一种充实且乐在其中的感觉。

世事变迁轮回，然而有些东西却是亘古不变的。正如诗仙李白所写的“今人不见古时月，今月曾经照古人”，这是多么超凡脱俗而又充满哲思的感叹。而汇集了千百年民间智慧的节气，正是我们每一位中华儿女都不应该丢弃的传统文化精髓。

芒种

梅子黄时雨

种豆南山下，草盛豆苗稀。
晨兴理荒秽，带月荷锄归。
道狭草木长，夕露沾我衣。
衣沾不足惜，但使愿无违。
——《归田园居》

在南山下的田野里种植豆子，结果杂草长得茂盛，豆苗却很稀疏。我只好清晨起来下田地铲除杂草，直到傍晚时分，才在暮色月光中扛着锄头归来。狭窄的小道上草木丛生，傍晚时的露水沾湿了我的衣裳。衣裳沾湿了并不觉得可惜，只要我不违背自己归隐的心意就好。

陶渊明的这首诗写于芒种时节，细腻而又生动地描写出了他对劳动生活的体验，全诗弥漫着诗人的闲情雅致以及对归隐的骄傲。

芒种，夏季的第三个节气，也是二十四节气当中的第九个节气，在小满之后、夏至之前，时间为每年的 6 月 6 日左右，表示仲夏时节正式开始。

芒，指禾本植物种子壳上的细刺，针尖对麦芒中的“芒”就是这个意思。因此，芒种，从字面意思来看就是：有芒的麦子快收，有芒的稻子可种。

《月令七十二候集解》上就说：“芒种，五月节，谓有芒之种谷可稼种矣。”此时，农作物成熟，农民播种，雨量充沛，气温显著升高。我国长江中下游地区则开始进入多雨的黄梅时节。

其实，根据“芒种”二字的谐音，也可以将其理解为“忙种”“忙着种”。这一节气的到来，便预示着农民伯伯们要开始忙碌的田间耕作了。

·物候与气候·

我国古代将芒种分为这样三候：

一候螳螂生。意思是螳螂在上一年深秋产的卵，此时会破壳而出，生出小螳螂。

二候鵙始鸣。意思是喜阴的伯劳鸟开始在枝头鸣叫。伯劳鸟是留鸟，与燕子这种候鸟的习性正好相反。当伯劳鸟离开的时候，正是燕子飞回来的时候，它们可能会在途中相遇，但相遇就代表着分别，永远也无法聚在一起。正因为如此，人们便把有情人无法相聚说成是“劳燕分飞”。

三候反舌无声。意思是能够学习其他鸟叫的反舌鸟，此时停止了鸣叫。因为反舌鸟遇到阳气就鸣叫，遇到一点点阴气就会停止鸣叫。而芒种乃是仲夏时节，可以说是一年中阳气最盛的时候。但所谓物极必反，盛极必衰，阳气最盛的时候，也是它走下坡路的时候，此时阴气已经一点一点在滋长了。

当然，对于忙碌的农民伯伯们而言，鸟叫不叫跟他们关系并不大，他们关心的是天气和降水问题。

芒种时节，黄淮平原即将进入雨季，而长江中下游地区开始进入梅雨季节，雨日多，雨量大，日照少。整个西南地区从 6 月份开始，也进入了一年中的多雨季节。

·农事养生·

对我国大部分地区而言，芒种一到，夏天成熟的农作物就要收获了，夏天播种秋天收获的农作物就要播种了，春种的庄稼还要管理。所以，芒种简直就是农民伯伯一年中最忙的时节，长江流域更是“栽秧割麦两头忙”。

农业谚语“收麦如救火，龙口把粮夺”，形象地说明了麦收季节的紧张气氛，必须抓紧一切有利时机，抢割、抢运、抢收获。

唐代大诗人白居易在《观刈麦》一诗中，就详细描写了芒种节气时农民伯伯们忙碌的样子，以及他们劳作的艰辛：

田家少闲月，五月人倍忙。
夜来南风起，小麦覆陇黄。
妇姑荷箪食，童稚携壶浆，
相随饷田去，丁壮在南冈。
足蒸暑土气，背灼炎天光，
力尽不知热，但惜夏日长。
复有贫妇人，抱子在其旁，
右手秉遗穗，左臂悬敝筐。
听其相顾言，闻者为悲伤。
家田输税尽，拾此充饥肠。
今我何功德，曾不事农桑。
吏禄三百石，岁晏有余粮。
念此私自愧，尽日不能忘。

农民们一年四季都没有闲暇的时候，尤其是到了农历五月份的芒种时节，他们会加倍忙碌。夜间吹来了暖暖的东南风，田埂垄上的小麦一片金黄，是时候收割了。妇女们用筐挑着食物，稚嫩的孩子们则手提着盛满汤水的壶。一前一后相伴着去田间送饭，此刻家里的壮丁正在那南山冈辛苦地劳作。他们的脚被地面冒出来的热气熏蒸着，炙热的太阳烤得他们汗流浃背。他们虽精疲力竭，但仍好似不觉酷热，无意休息，其实只是珍惜夏日天长罢了。又见一位贫苦的农妇，一边背着孩子一边跟在男人的后面。右手捡拾地上的麦穗，左臂挂着一个破箩筐。她回头述说着自己家里的情况，听的人都为她感到悲伤。为了缴纳赋税，她将家中的田地全给卖了，靠着捡拾麦穗填饱肚子。如今还能说我有什么功德呢？我从来都没有种田采桑的经历。一年俸禄足足有三百石那么多，到了年底还有余粮可剩。每每想到这些我都暗自惭愧，整日整夜念念不忘。

很明显，这是一首讽喻诗，不仅描写了芒种麦收时节的农忙景象，更对造成人民贫困的根源——繁重赋税提出批评，展现了一个有良心的封建官吏的人道主义精神。当然，这些都是中唐时期的事情了。

除了收割小麦，在芒种时节，水稻、棉花等农作物生长旺盛，需水量多，适中的梅雨对农业生产十分有利；但若梅雨过早，雨日过多，长期阴雨连绵，对农业生产也有不良的影响，雨量过于集中或暴雨还会造成洪涝灾害。

那什么是梅雨呢？

我国的长江中下游地区，每年的6、7月份，都会出现持续的阴雨天气，而此时江南的梅子刚好成熟，因此，人们便把这种长时间的阴雨天气称之为“梅雨时节”。梅雨这一称谓历史悠久，且充满了诗意。唐太宗说“和风吹绿野，梅雨洒芳田”，贺铸说“试问闲愁都几许，一川烟草，满城风絮，梅子黄时雨”。

当然，梅雨的诗意仅仅只是体现在诗词中罢了，对于广大人民来说，这种天气并不好。持续的阴雨，还伴随着气温升高，所有这些都使得空气潮湿而闷热，各种物品容易发霉，蚊虫也来凑热闹，开始大规模孳生。在这种天气下，人体极易感染疾病。

根据这一气候特点，这一时期的健身养生应该注意以下几个方面：一是要晚睡早起，注意防暑，中午最好能小睡一会儿；二是要勤洗澡，但出汗时不能立刻用冷水冲澡；三是芒种期间的饮食宜以清补为主。

·民俗文化·

关于芒种时节的习俗，主要有送花神、安苗、煮梅等，比其他节气要少得多。想想就明白了，芒种芒种，大家都这么忙，忙着种稻、忙着割麦、忙着播种，尤其是农民伯伯，连喝碗茶都觉得是在浪费时间，哪有闲工夫搞活动。

送花神

农历二月初二日花朝节，人们迎花神，百花开始盛开；芒种已近农历五月份，百花开始凋谢，花谢花飞花满天，民间多在芒种日这一天举行祭祀花神的仪式，送花神归位，同时表达对花神的感激之情，盼望来年再次相会。

《红楼梦》第二十七回这样写道：

"至次日乃是四月二十六日，原来这日未时交芒种节。尚古风俗：凡交芒种节的这日，都要设摆各色礼物，祭饯花神，言芒种一过，便是夏日了，众花皆谢，花神退位，须要饯行。然闺中更兴这件风俗，所以大观园中之人都早起来了。那些女孩子们，或用花瓣柳枝编成轿马的，或用绫锦纱罗叠成干旄旌幢的，都用彩线系了，每一棵树上，每一枝花上，都系了这些物事。满园里绣带飘摇，花枝招展，更兼这些人打扮得桃羞杏让，燕妒莺惭，一时也道不尽。"

大家好好看看，大观园中众多美丽的小姐姐们都在芒种节这天送花神呢！

也正是在这天，当金陵十一钗们都在送花神时，林黛玉却独自一人扛着一把小锄头，准备将凋谢的花瓣给埋掉，这就是《红楼梦》中最经典的片段之一《黛玉葬花》，也为后世留下了经典的《葬花吟》：

花谢花飞花满天，红消香断有谁怜？
游丝软系飘春榭，落絮轻沾扑绣帘。
闺中女儿惜春暮，愁绪满怀无释处。
手把花锄出绣帘，忍踏落花来复去？
柳丝榆荚自芳菲，不管桃飘与李飞。
桃李明年能再发，明年闺中知有谁？
……

安苗

芒种安苗习俗始于明初。每到芒种时节，种完水稻，为祈求秋天能有个好收成，各地都要举行安苗祭祀活动。家家户户用新麦面蒸发包，把面捏成五谷六畜、瓜果蔬菜等形状，然后用蔬菜汁染上颜色，作为祭祀供品，祈求五谷丰登。

煮梅

在南方，每年五、六月是江南梅子成熟的季节，三国时更有“青梅煮酒论英雄”的典故。青梅含有多种天然优质有机酸和丰富的矿物质。但是，新鲜梅子大多味道酸涩，难以直接入口，需加工后方可食用，这种加工过程便是煮梅。

芒种是忙碌的时节：时雨及芒种，四野皆插秧。家家麦饭美，处处菱歌长；芒种又是滋生闲愁的时节：花谢花飞花满天，红消香断有谁怜；芒种还是美丽的时节：五月榴花照眼明，枝间时见子初成。

夏至

道是无晴却有晴

昼晷已云极，宵漏自此长。未及施政教，所忧变炎凉。
公门日多暇，是月农稍忙。高居念田里，苦热安可当。
亭午息群物，独游爱方塘。门闭阴寂寂，城高树苍苍。
绿筠尚含粉，圆荷始散芳。于焉洒烦抱，可以对华觞。

——《夏至避暑北池》

夏至这天，白昼的时间已经到了极限，从此漏壶所计的夜晚时间渐渐变长。还未来得及施行政教，就要开始忧虑冷热交替的天气了。衙门里的公务事少，每天有很多闲暇的时间，但这个月的农事却逐渐繁忙。我虽身处高位，却时刻念及田里的百姓们，不知这酷热的天气他们怎能抵挡。正午时分万物休止，唯独只有我喜欢在池塘边游玩。关上了门，院子里一片绿荫，寂静无声，高高的城墙内树木茂盛。绿竹还青翠粉嫩，圆圆的荷叶已经开始散发芳香了。如此可以抛洒烦恼，对着华丽的酒杯终日畅饮。

这篇唐代诗人韦应物所作的优美的夏日诗歌，描绘的是夏至节气的风情景物。

夏至，是二十四节气中的第十个节气，也是夏季的第四个节气，在芒种之后、小暑之前，时间为每年的 6 月 21 日或 22 日前后。夏至节气的到来，昭示着中华大地迈入了炎热的仲夏时节。

古人最早就是通过太阳来观察大自然的。对太阳的规律，古人早已观察入微，并能够很好地掌握。古书《恪遵宪度抄本》记载：“日北至，日长之至，日影短至，故曰夏至。至者，极也。”意思是说，太阳直射点到达最北端，日照时间最长，而万物的影子最短，所以叫夏至。至，就是最的意思。

事实证明，古人的观测和现代科学十分吻合。今天我们知道，在夏至这天，太阳直射北回归线——北纬 23.5° ，所以对于北半球而言，这是全年白昼时间最长、黑夜时间最短的一天。如果一个人在夏至这天站在北回归线附近，观察自己影子的变化，会惊奇地发现——正午时分自己的影子几乎短到没有。这就是“立竿无影”的奇景。而在北极附近，还会产生神奇的“极昼”现象，太阳高挂一整天、终日不落。

由于太阳的直射，夏至日是北半球一年中阳气最盛的日子，此后太阳直射点渐渐南移，经过半年之久的转变后，在冬至日到达南回归线，彼时北半球昼短夜长，阳气最弱，而阴气最盛。

所以天文学上规定，夏至是北半球夏季的正式开始。

·物候与气候·

为更好地反映夏至期间的气候变化，古人将夏至节气中的十五天分为以下“三候”：

一候鹿角解。麋与鹿属于同一科动物，二者的区别是：一个属阴一个属阳。鹿的角朝前生，所以属阳。夏至日阳气盛极而衰，阴气渐生，所以阳性的鹿角便开始脱落。而麋因属阴，在冬至日角才脱落。

二候蝉始鸣。再过五天，便能听到蝉鸣声了。此起彼伏的蝉鸣声，给大地带来了浓郁的盛夏讯息。蝉为什么总会在夏天鸣叫呢？这是因为，蝉交配繁殖的最活跃时间正是在炎热的夏季，雄性蝉通过鸣叫声呼唤雌性蝉，获得其青睐，从而完成交配。而蝉的鸣叫声其实并不是从嘴巴发出的，在雄蝉的腹部，有专门的发声器官，靠震动鼓膜来产生响亮的声音，最远可传递一公里那么远。

三候半夏生。在夏至节气的最后五天，野外可以看到生长茂盛的半夏。半夏是一种喜阴的药草，总是生长在仲夏时分的沼泽地或水田中。

这三个典型物候都反映出了夏至节气阳气盛极而衰、阴气渐生的气候特点。所以在这期间，一些喜阴的生物开始出现，而阳性的生物则开始渐渐衰退了。这些物候，都是紧密跟随夏至期间气候的变化而变化的。

除了少数常年无夏的地区外，此时我国大部分地区的平均温度都回升至了22℃以上，可以说是真正的仲夏时节。华北平原的气温更是会高达24～26℃。古谚说："不过夏至不热"，整体来讲，夏至过后，由于日照充足，地表热量不断积累，气温还会进一步升高，像是酷热盛夏的前奏一般，预示着"三伏天"即将到来。

三伏天气是一年中最炎热的日子，大约开始于夏至日后的第三个庚日。古人对于三伏天的规律和特征了如指掌，为了更好地指导人们有效避暑，还编出了许多民歌，比如这首广为流传的《夏至九九歌》：

一九二九，扇子不离手；
三九二十七，吃茶如蜜汁；
四九三十六，争向街头宿；
五九四十五，树头秋叶舞；
六九五十四，乘凉不入寺；
七九六十三，入眠寻被单；
八九七十二，被单添夹被；
九九八十一，家家打炭墼。

三伏具体指的是：第三个庚日至第四个庚日的十天为初伏，第四个庚日至立秋后初庚的十天为中伏，立秋后初庚起的十天为末伏，一般从小暑节气开始，结束于处暑节气。这首朗朗上口的"九九歌"，形象而生动地描述了入伏后从炎炎酷暑到逐渐秋凉的天气变化。

在夏至前后，由于冷热空气的强烈对流，往往容易造成频繁的雷阵雨天气，尤其是在午后或傍晚。不过雷阵雨通常"来也匆匆，去也匆匆"，而且降雨范围较小。正所谓"夏雨隔田坎"，别看雷声轰隆、雨点噼啪，可是却只波及巴掌大点儿的地方，甚至有可能田坎这一头正下着暴雨，田坎那一头却是太阳当空挂。唐代诗人刘禹锡的《竹枝词》就描绘了这样一幅奇妙的景象：

杨柳青青江水平，闻郎江上踏歌声。
东边日出西边雨，道是无晴却有晴。

平静的江水岸边，和风吹拂着青青的杨柳枝，忽然听到江上传来的踏歌声。东边太阳当头，西边却下起了雨，虽说没有晴天，却又有晴天。

夏至前后，江淮一带正是阴雨连绵的梅雨时节，空气潮湿而阴冷，且容易出现暴雨天气。高温难以消散、降水难以疏通，既容易形成闷热难受的桑拿天气，也会引发洪涝灾害，带来不少危害。

当然，如果夏至前后降雨不够，则会更令人头疼。春天有“春雨贵如油”的说法，而夏天更有“夏至雨点值千金”的农谚，足见夏天农业生产对于雨水的需求之大。有些年份部分地区在夏至前后雨量不够充足，则会引发夏旱，对生产和发展极为不利。

此外，在夏至期间，华南地区还可能会遭受台风的侵袭，需要做好相关的防御工作。

·农事养生·

在夏至前后，夏收作物基本已经收成，即使是部分季节迟的地区，也在进行扫尾工作了。“夏种不让晌”，此时人们都已经开始争分夺秒地忙于播种夏播作物。对于新播种的夏播作物，要加强田间管理，力求全苗，并在出苗后及时移栽补缺。

在淮河以南的地区，夏至时节早稻已经开始抽穗扬花，田间的水分管理尤为重要。要及时浇灌，保证田间水分充足；还要注意水田透气，防止坏根烂根，提高成活率和籽粒重。面对此时的大规模降水，要及时清沟排水、预防洪涝灾害；还可以同时蓄好雨水，以应对将来可能出现的伏旱。

农谚说："夏至不锄根边草，如同种下毒蛇咬。"夏至节气气候温暖、雨量充沛，虽然有利于作物的生长，但同时也会导致杂草疯长，以及害虫滋生。所以，必须要及时除草，以防止农田杂草与农作物争夺阳光、水分和肥料，并做好病虫害的防治。如此，才能取得更好的收成。

中耕锄地也是夏至前后的重点工作。夏至锄地既可以破板结、除杂草、施肥料，还能提高土壤的透气性，实现有效增产。此时的棉花已经初现花蕾，进入生长的黄金期，更需要及时中耕锄地，以及做好整枝工作。

俗话说："夏至，阴生。"夏至节气作为阴盛阳衰的重要转折点，此时的养生重点，一方面在于顺应时节、保护阳气；另一方面在于避寒祛湿。

由于夏季排汗较多，人体内大量流失水分，所以需要及时补水。除了多喝水之外，可适当多食用瓜果蔬菜、淡盐水或绿豆汤。要习惯清淡饮食，多吃温热熟食，不可为了快速降温而过多食用生冷的食物，损伤脾胃。夏天心火当令，心火往往会比较旺盛，所以可适当食用苦瓜等苦味的食物，帮助身体清热除湿。此外，五倍子、乌梅等酸味的食物可以促进食欲，也可适当食用，防止夏季食欲不振。

在作息方面，夏至前后适宜晚睡早起，还可通过合理午睡来补充睡眠，以防夏季高温下的困倦疲乏。此外，还要防止过度贪凉，切忌冷水沐浴以及睡中冷风入体。

·民俗文化·

夏至节

夏至在古代被称为“夏至节”，是一个盛大的节日，它十分古老，最早可追溯到商代。在夏至这天，人们会举行盛典来祭祀神灵，以祈求农业丰收和消病除灾。到了周代，人们对夏至节更为重视，远离疾病、饥荒、战争的美好期望都寄托在这场虔诚的祭祀活动中。

据《文昌杂录》记载，在宋朝，夏至这天全国放假三天，文武百官都不用上班，回家专心迎夏。民间还把夏至节叫做“朝节”，在这天，妇女们会上街购买彩扇来纳凉，闺蜜间还会互相赠送香囊。农村还会“取菊为灰以止小麦蠹”，也就是把菊叶烧成灰，洒在小麦上，农民们认为，这样可以预防小麦遭受病虫的侵害。

求雨

在我国干燥少雨的北方，夏至时节的降水量往往难以满足农业需求。为了解除干旱的困境，“靠天吃饭”的古人们不得不把降雨的希望寄托在神灵的庇佑上。早在三千多年前的商朝，当时的君主商汤就曾在连续七年遭遇旱灾后，跪在地上向上天祈求降雨，以拯救黎民苍生。

古人认为，龙王是主管降雨的神仙，有呼风唤雨的本领，一年的风调雨顺都要依靠他的旨意，所以非常敬畏龙王。据说每年农历六月十八日是龙王的生日，在这天，许多地方的人们都会在龙王庙举行盛大的庙会，祈求普降甘霖。每逢此时，龙王庙祭品丰富、香火缭绕不断。

还有一些地区的人们会在夏至前后抬着龙王的神像在各村巡回求雨，巡回途中遇到的村民们都要虔诚地烧香祭拜。一旦在路上碰到水井，人人都要跪下祭拜，并喊道：“快下雨吧。”队伍巡回完毕后，回到龙王庙前，还要做夜间祈祷。

在古代传说中，有一种鬼怪叫做旱魃，诗经中就有“旱魃为虐，如惔如焚”，意思是旱魃在人间作乱，导致大地高温无雨，使旱灾发生。所以在夏至时节，如果遇到大旱天气，民间还会“攻魃”。攻魃的方式各朝各地有所不同，明代的人们就认为旱魃往往藏身于野外的坟堆，在大旱时节“掘墓以椎击之”，就可以结束旱灾，迎来久违的甘霖。

饮食风俗

民谚说：“冬至饺子夏至面。”夏至前后正是小麦收获的季节，人们用新出的小麦做成面，以庆祝丰收。简单的面却有着花样百出的吃法：打卤面、炸酱面、炒面等，都是广受欢迎的面食。在炎热的夏季，凉面是最主流的吃法——将面条煮熟后，放到凉水中拨凉，然后捞起来盛到碗里，加入调好的料汁，拌一拌就可以吃了。凉面十分开胃，还清凉降火，如今已经成为常见的小吃之一。在南方的部分地区，夏至这日要吃馄饨，意为“混沌和合”，馄饨皮也是用刚刚收成的新小麦做成的。

夏至时节，田野乡村一派农忙景象，却人人心怀喜悦，处处洋溢着幸福的气息。我国的劳动人民自古以来便是如此，无论风吹雨打、还是干旱炎热，人们永怀对生活和生命的热爱，以一双勤劳的手、一颗善良的心，创造出越来越美好的未来。

小暑

倏忽温风至

倏忽温风至，因循小暑来。

竹喧先觉雨，山暗已闻雷。

户牖深青霭，阶庭长绿苔。

鹰鹯新习学，蟋蟀莫相催。

——《小暑六月节》

忽然一阵温热的风吹来，原来是循着小暑的节气而来。翠竹沙沙喧响，仿佛预先知道大雨将至，山色渐暗，阵阵惊雷声从远方传来。炎夏多雨，门户上生出了潮湿的青霭，庭院的台阶上也长满了绿色的青苔。老鹰在空中盘旋，蟋蟀也鸣叫不停歇。

一阵温热的风，吹来了炽热的盛夏，世间迎来了令人爱恨交织的小暑。唐代诗人元稹的这首诗，写的正是小暑节气的物象。

小暑，是二十四节气中的第十一个节气，也是夏季的第五个节气，在夏至之后、大暑之前，时间为每年的 7 月 7 日或 8 日前后。

据《月令七十二候集解》记载："小暑，六月节。暑，热也。就热之中，分为大小，月初为小，月中为大，今则热气犹小也。"意思是说，小暑节气在农历六月份。暑字观其形，即一个人上面顶着个太阳，所以暑就是炎热的意思。而炎热呢，又分为大热和小热，六月初为小热，六月中为大热。小暑时节还只是小热，等到了大暑节气，也就到了一年中最热的时候。

"小暑至，盛夏始"，小暑节气是大地进入盛夏时节的开始。小暑一到，天气变得无比炎热，大地迎来了一年中气温最高、降雨最多最频繁的"三伏天"。万物在高强度阳光的连续照射下、在狂风暴雨的击打中，都显得昏昏欲睡、垂头丧气。

·物候与气候·

为更好地反映小暑期间的气候变化，古人将小暑节气中的十五天分为以下“三候”：

一候温风至。在小暑节气的前五天，再也感受不到初夏时分那清凉的微风，持续的艳阳普照，使得大地酷热无比，连吹来的风都是温热的。

二候蟋蟀居宇。再过五天，随着热风来袭，田里的蟋蟀热得团团转，赶忙举家搬迁，躲在庭院的墙角里避暑，以求暂时的凉快。《诗经·七月》中“七月在野，八月在宇，九月在户，十月蟋蟀入我床下”说的就是这一现象。

三候鹰始鸷。在小暑节气的最后五天，地面温度继续上升，连老鹰也热得受不了了，纷纷盘旋在天空中，毕竟上面的空气要凉快一些。

我们由小暑节气中这三个典型物候可以知道，虽说此时只是“小热”，却也是炎热无比、万物难耐了。无论是蟋蟀还是老鹰，都是“哪儿凉快哪待着”，人们也想尽各种办法来避暑乘凉。一般来说，全国的学生都会在7、8 月份放暑假，就是因为这两个月份处于小暑、大暑节气中，天气最为炎热，为避免孩子们中暑或生病，所以要放假避暑。

在小暑时节，我国南方地区的平均气温为 26℃左右，部分地区甚至日平均气温高达 30℃，在一些日子里日最高气温更是高达 35℃，可以说令人望而生畏。

南朝的萧纲就最怕暑热，他在《苦热行》一诗中写道：

六龙骛不息，三伏起炎阳。
寝兴烦几案，俯仰倦帏床。
滂沱汗似铄，微靡风如汤。
……

日神被六龙拉着在天际狂奔，炎炎烈日下，三伏天开始了。几案床席都火燎似的灼热，身上的汗水像滂沱大雨，一阵微风吹来，却也如同热汤般滚烫。

值得一提的是，小暑在7月份，大暑在8月份，古人一般认为，大暑比小暑更热。但这与现代资料所给出的气候分析有所出入——近年来全国大部分地区的最高气温都出现在小暑节气中，而7月份的平均气温也往往高于8月份。这可能是因为，二十四节气的订立距离现在已有几千年之久，经历了漫长的斗转星移，地球的气候发生了微妙的改变；而我国地域辽阔，各地气候有所差异，也可能造成了这一出入。谁能想到，在全国大地一片炽热的小暑时节，西北高原地区还挂着茫茫的霜雪，刚刚脱冬入春呢？

小暑时节除了高温，还频频发生雷暴天气，即雷击和闪电的局地对流性天气。北方的冷空气和南方的暖空气对流，僵持之下容易形成雷雨天气，往往还伴随打雷闪电、狂风暴雨、甚至冰雹的发生，对人身财产、自然作物的损害极大，需要做好预防工作。

从降雨量的方面来讲，小暑时节是“西涝东旱”——在华南西部地区，小暑期间的降雨量十分惊人，经统计，全年降水量的75%都会在7、8月份降临，如此大量的雨水，极容易造成洪涝灾害，以及泥石流、山体滑坡等地质灾害；相反的是，华南东部此时却高温无雨，很可能引发旱情。

“小暑一声雷，倒转做黄梅”，“倒黄梅”的意思是：梅雨带北移后又返回江淮流域再度维持相对稳定的现象。在有些年份，小暑时节江南一带梅雨渐渐结束，雨带移至华北地区，江淮流域则进入高温少雨天气。

·农事养生·

农谚说："伏天的雨，锅里的米。"小暑节气中频繁的雷雨，对于农业来说，既是福，也是祸。充沛的降雨使得水稻等喜欢雨水的农作物迅速生长，但却不利于棉花、大豆等旱作物的生长。所以，要根据不同地区、不同种类的作物来灵活应对，一方面要未雨绸缪，及早蓄水防旱；另一方面要做好田间疏通排水工作，防止洪涝。

在小暑前后，全国大部分地区的夏季收割、栽种已经完成，此时田间管理成为农民们的重点工作。早稻已经进入灌浆后期，即将成熟收获，需要随时保持田间的干湿搭配；中稻已经拔节，正处于孕穗期，需要适量追肥以提高产量；单季晚稻正在分蘖期，也要注意施肥。在高温潮湿的环境下，夏季害虫泛滥，还需要防范病虫害的发生。

小暑时节也需要注重养生保健。

"小暑大暑，上蒸下煮"，在热气沸腾的小暑时节，在饮食上需要做一定的调整。夏天要多吃清淡的素食，尽少食用油腻和辛辣的食物，以免上火。还应多吃莴苣、苦瓜、丝瓜等苦味蔬菜调节身体的阴阳平衡，以及柠檬、乌梅、杨梅、番茄等酸味食物，既可以生津止渴，又能促进食欲。另外，夏天人体汗液较多，大量钾元素随着汗液一同排出体外，缺钾容易造成低血钾现象，引起倦怠无力、头昏头痛、食欲不振等，所以在饮食上还需要注意补钾，可多吃海带、香蕉、豆制品、薯类、胡萝卜、酸奶等富含钾元素的食物。还要注意的是，纵使天气炎热，也不可贪凉，冰冻饮料、冰镇西瓜等夏日冷品不宜过多食用。

在作息方面，要顺应夏季昼长夜短的变化规律，最好是晚睡早起，午饭后可午睡半小时左右，以补充睡眠，保持充沛的精神和体力。

在酷热的夏季，还要避免剧烈运动、劳累身体，应秉持"少动多静"

的原则来参加日常活动。可以早晚在清凉幽静的公园或野外散步或慢跑，平日里以喝茶、读书等安静的活动为主，切忌过度运动、损伤阳气。正所谓“冬不坐石，夏不坐木”，夏天久置露天的木质椅凳温度高、潮气重，坐久了容易引发痔疮、风湿、关节病等各种疾病，切忌久坐。

小暑时节，太阳当空，紫外线十分强烈，需要特别注意做好夏季防晒的准备。人体皮肤在强烈紫外线的长久照射下，轻则晒黑、晒伤，重则患上日光性皮炎等各种皮肤病，所以一定要重视防晒。在出门前要在裸露部位涂抹防晒霜，还可穿上浅色长袖防晒衣，戴好太阳眼镜，以及使用遮阳伞，避免阳光直晒。

对儿童来说，夏季易发痱子，这是因为在炎热的天气中，汗液增多堵塞毛孔。所以要保持房间通风散热，勤洗澡勤换衣物，保持皮肤的干燥清爽。

·民俗文化·

“晒伏”

在热气腾腾的三伏天，人们一边躲避着热浪，一边又利用着这份大自然的热能馈赠。智慧的古人很早便知，在艳阳的持续曝晒下，霉菌逃无可逃，病虫也无处遁形。小暑之后，恰逢最高温的时节，家家户户都搬出家里所有能晒的东西，铺在院子里，接受高温的洗礼。谷仓里的粮食、刚刚收成的各种蔬菜、全家的衣物、床上的被褥……全家上下，里里外外全都晾晒一番，在阳光的沐浴下，不再有潮湿，不再有蛀虫，不再有霉变，一切变得干燥又清爽。

在古代，皇宫也有“晒伏”活动。在农历六月六日这天，各个宫殿里的物品，无论是銮驾、器物，还是文档、书籍，都要被搬出殿堂，在院子里通风晾晒一整天甚至许多天。

农历六月六日还是“翻经节”。传说唐代高僧玄奘当年前往西天取经，经历了九九八十一难终于成功取得真经，在归唐时却一不小心将经书丢落到水里。后来他费尽心力将经书都打捞起来，在阳光底下晾晒许久，然后带着晒干的经书回到大唐，传播四方。从此佛家将这天定为“翻经节”。每年的六月六日，佛寺里的小和尚们都要把所有藏存的经书搬出来暴晒，以防止经书生潮、虫蛀鼠咬或者滋生霉菌。

饮食风俗

在小暑节气，民间往往会吃“三宝”。所谓的“三宝”，指的是黄鳝、蜜汁藕和绿豆芽。

小暑前后正值田里黄鳝泛滥的季节，黄鳝富含铁和蛋白质，既美味又滋补，具有补中益气、补肝脾、除风湿等许多医用效果，还可以降低血液中的胆固醇浓度，所以民间又有“小暑黄鳝赛人参”的说法。

夏季莲花盛开，随后莲藕也成熟了。藕是人们喜爱的夏季美食，富含丰富的钙、磷、铁元素，还具有清热养血等作用，很适合在炎热的夏季食用。并且藕和“偶”同音，因此被赋予了美满婚姻的寓意，更是深受人们的欢迎。将新鲜的莲藕洗净去皮，用小火煨烂、切成薄片，再加入蜂蜜拌匀，一道清甜可口的蜜汁藕就烹饪完成了。蜜汁藕入口香甜、消暑生津，还清热养血、安神助睡。

绿豆芽也是小暑时节最受欢迎的吃食。它清热解毒，利尿除湿，而且还热量极低，有助于夏季瘦身。烹制方法如下：将绿豆芽洗净沥干，锅里放适量的植物油，烧热后加几粒花椒，闻到花椒的香味之后，将绿豆芽入锅翻炒，加入适量食盐和味精等调料便可以出锅了，如果再加几滴白醋，则会更加清爽可口，香气四溢。值得一提的是，绿豆皮的清热解毒效果极佳，在烹饪时，千万不要随便丢弃。

在徐州，小暑要吃“伏羊”，也就是在入伏的时候吃羊肉。徐州古称彭州，所以有“彭州伏羊一碗汤，不用神医开药方”的说法。

在很多地方，还有小暑“食新”的习俗。这个季节新稻谷刚成熟，人们将新米做成祭祀的米饭，用来祭祀五谷神灵和祖先，然后搭配新鲜的时令蔬菜，饱餐一顿。人们还会将新米制作成酒，酿好之后聚在一起品尝新酒。

此外，蚕豆炖牛肉、西瓜番茄汁、绿豆米粥以及各种防暑茶也都是小暑时节广受欢迎的食物。

六月六各民族风俗

小暑期间，还包含了一个传统节日——六月初六天贶节。天贶，即天赐的意思，从宋哲宗时期开始，这成为一个天赐的节日。古代民间还将这天称为“姑姑节”，因为在农历六月，迎来了难得的农闲时光，农家人便把嫁出去的姑娘请回娘家相聚。而六月高温潮湿、百虫滋生，古人往往会在这天祭祀虫王神，所以六月初六还是“虫王节”。

六月初六也是一个极具民族特色的节日，在这天，许多少数民族都会以自己的方式庆祝盛夏。

在湖南、贵州等地区，能歌善舞的苗族儿女每年都会在六月初六这天举行“赶歌节”，男女老少穿上民族服装，聚在一起唱歌跳舞，还会举办对歌比赛，决出最受欢迎的“歌王”。在青海、宁夏、甘肃等地区的回族、土族、东乡族、撒拉族、保安族、裕固族人民也会举行传统歌会，叫做“花儿会”。在花儿会期间，喜欢唱歌的妇女们打着伞，男子们戴上草帽，穿上最隆重的服装登山对歌，处处都是一派热闹的景象，歌手们还会登台比赛，评比一番。对瑶族人民来说，六月初六是他们的“半年”，因为此时一年正好过了一半，人们要祭祀神灵，以祈求下半年的平安健康。

小暑时节的盛夏烈日，是太阳之于人间最强烈、最炽热的关怀与热爱，人类则以坚韧的精神，在炎热中寻求一份内心的清凉。也正是因为人类常怀如此乐观的心态，才能安然地度过每一个寒冬和酷暑，从而延续至今，蓬勃千年而方兴未艾。

大暑

火流行看放清秋

赤日几时过，清风无处寻。

经书聊枕籍，瓜李漫浮沉。

兰若静复静，茅茨深又深。

炎蒸乃如许，那更惜分阴。

——《大暑》

烈日炎炎何时才能过去，人间无处可以寻到清凉的风。书籍随意地堆积在一起，院墙上的瓜果都成熟了。佛寺寂静无声，陋室草木幽深。暑气像热腾腾的蒸汽，提醒着我们要珍惜光阴。

随着盛夏愈发酷热，中华大地迎来了一年当中最热的一个节气——大暑。南宋诗人曾几的这首诗，描绘的便是大暑时节的景象。

大暑，是二十四节气中的第十二个节气，也是夏季的最后一个节气，在小暑之后、立秋之前，时间为每年的 7 月 22 日或 23 日前后，一直持续到八月上旬才会结束，然后便会渐渐迈入清爽金黄的秋天。

据《月令七十二候集解》记载："大暑，六月中。暑，热也，就热之中分为大小，月初为小，月中为大，今则热气犹大也。"又说："斯时天气甚烈于小暑，故名曰大暑。"意思是说，大暑节气在农历六月份中旬。暑热分为大热和小热，六月初为小热，六月中为大热。小暑时节还只是小热，大暑节气则是大热，此时天气的炎热程度远胜于小暑，因此叫大暑。

正所谓"小暑不算热，大暑三伏天"，一般来说，大暑时正好处于三伏天的"中伏"期间，全国都是一年中最热的时候。大江南北都是一片闷热难耐的桑拿天，时而骄阳似火，时而电闪雷鸣，时而大雨倾泻。

·物候与气候·

为更好地反映大暑期间的气候变化，古人将大暑节气中的十五天分为以下“三候”：

一候腐草为萤。在大暑节气的前五天，夜晚渐渐出现了萤火虫。古人认为，夏天的萤火虫是由枯草腐化之后化成的，所以叫做“腐草为萤”。虽然这并不符合现代科学的自然知识，但也足见他们对大自然的观察入微。事实上，萤火虫分为水生萤火虫和陆生萤火虫两种，陆生萤火虫将卵产在枯草上，在大暑时节，枯草的腐烂为虫卵提供了大量的养分，于是幼虫迅速成长为萤火虫，一到夜里便闪闪发光，是盛夏野外一道美丽而奇特的景象。

唐末文学家徐寅的这首《萤》就生动描绘了萤光闪烁的大暑之美：

月坠西楼夜影空，透帘穿幕达房栊。
流光堪在珠玑列，为火不生榆柳中。
一一照通黄卷字，轻轻化出绿芜丛。
欲知应候何时节，六月初迎大暑风。

月沉西楼，夜色隐约，月光透过纱帘、穿过帐幕，潜入房间。这光影如水流动、足以媲美珠宝的光彩，如火灿烂、却又不会在树木间燃起。一闪一烁照亮书籍上的字符，转眼又轻盈流转、飞到院中翠绿的草丛中翩翩起舞。若想知道当今是什么时节，看这萤火虫便知，六月迎来了大暑节气的热风。

二候土润溽暑。从大暑节气的第六天开始，随着高温和暴雨更加频繁的造访，空气越来越闷热，田地里的土壤也都变得越来越潮湿。这就是我们常说的“桑拿天”了，无论是植物、动物还是人，都难耐暑气，只能静候秋天的到来。

三候大雨时行。在小暑节气的最后五天，时常会出现大雷雨天气，大量雨水降临人间，能使闷热无比的桑拿天稍微有所缓解。

萤火虫的出现、空气的潮湿闷热以及频繁的大雷雨天气，都反映出了大暑时节高温多雨的天气。随着这些物候的一一显现，便是大自然真正向人间宣示：最热的时节已经到来。

现代气候学的统计和分析也表明，七月下旬是一年中气温最高的时段，此间整个长江流域都将成为一个巨大的火炉，在华南西部，普遍温度在30℃以上，而在华南东部，更是频繁出现35℃以上的高温极端天气。重庆、武汉和南京三个城市以高温天气闻名，被称为“三大火炉”，而新疆的吐鲁番，更有着“火焰山”的称号。夏季里，部分地区的最高温度可达40℃以上，如此酷热难当的高温天气，难怪有民谚说“稻在田里热了笑，人在屋里热了跳”。

大暑节气除了高温，往往还伴随着暴雨频发、雷电不断。雷雨天气同小暑类似，来得快去得也快，但太过频繁和狂暴的雨水容易引发洪涝和台风灾害，而高温天气下水汽蒸发极快，又容易造成伏旱，危害极大，需要及时预防。

·农事养生·

在大暑时节如此极端的天气中，几乎汇集了一年中最强的光照、最高的气温和最多的降水，虽然容易引发自然灾害、造成人的生理不适，但这样的气候环境同时也有利于部分农作物的迅速生长。

对于劳动人民来说，即使在暑热难当的盛夏，也从不偷懒，甚至更加干劲十足。他们在烈日下奔波于地里田间，忙碌于耕种和收获，从未有懈息的时候，正是这份坚韧的品格，使得吃苦耐劳的中国人民世世代代延续了下来，并创造了无数奇迹。

对于种植双季稻的地区而言，人们的主要农事活动在于“抢收抢种”——正所谓“禾到大暑日夜黄”，在大暑节气前后，早稻已经颗颗金黄、粒粒饱满，正是收割的大好时节。每年这时候，稻田里便是一派繁忙抢收的景象，农民们戴着草帽，穿梭于金黄的田间，额头上挂着辛苦的汗滴，脸上却洋溢着丰收的喜悦。“大暑不割禾，一天少一箩”，一旦抢收不及时，不仅会影响水稻的收成，还会耽误后续晚稻的栽种。是的，在早稻抢收完毕之后，人们又一刻也不停歇地投入了晚稻抢栽的工作，力争在七月底前完成全部晚稻的栽种工作。

“头伏萝卜二伏菜，三伏里头种白菜”，这句农谚告诉我们，炎热的三伏天也是播种蔬菜的最佳时节，农民们会在此时种下许多常见的蔬菜。为了减少高温和雷雨对种子、幼苗的伤害，要合理利用遮阳网、遮雨棚等工具。

在华南西部，雷雨天气频发，巨大的降水量超出了农作物的承受范围，甚至会引发洪涝灾害，所以要注意防洪排涝，做好田间疏通排水工作。

而在华南东部，大暑时节雨量不足，且在高温下水汽极易蒸发，容易造成伏旱天气，所以有农谚说“伏里有雨，仓里有米”“小暑雨如银，大暑雨如金”。而这期间棉花、大豆、夏玉米等各种作物都处于旺盛生长期，对水分的需求非常之大，所以有经验的农民为了应对伏旱，都会提前蓄水，并及时灌溉，保证作物的生长成熟。

针对大暑节气高温、潮湿的气候特征，此时的保健养生重点在于降温避暑。

人体在夏季高温环境中，很容易中暑，引发头晕恶心、四肢乏力等症状，严重时还会损伤人体机能，所以要避免长时间日晒，尽量待在阴凉的室内，并及时为身体补充水分。外出时应涂抹防晒霜，戴太阳眼镜，打遮阳伞，做好防晒防暑准备，还可随身携带饮用水、藿香正气液等物品，预防中暑。

在饮食上，盛夏时节应以清淡为主，注意荤素搭配，在多吃新鲜蔬菜瓜果之余，还应适当摄入鱼肉、鸡蛋、瘦肉等富含蛋白质的食物。绿豆百合粥、薏米小豆粥和西瓜翠衣粥等“度暑粥”也可多加食用，有利于清热解暑，健脾养胃。需要注意的是，切不可为了贪凉而食用过多凉菜、冷食和冰镇饮料，这会导致肠胃功能紊乱，引发各种疾病。

此外，风扇、空调虽好，却万万不可过于依赖，如果长时间使用风扇和空调，会破坏人体的汗液平衡，还会引发头疼恶心、酸软无力、食欲不振等各种“空调病”。夏季空调的温度不可过低，一般要设置在27℃或以上；也不可长时间使用空调，要时常开窗通风；大量出汗后，不宜直接对着空调口吹风，晚上睡觉时也不能整晚开着空调。

·民俗文化·

送“大暑船”

在浙江台州等沿海一带，大暑节气广泛流传着送“大暑船”的习俗。这一习俗起源于清代同治年间，据说当时在葭沚一带时常有病疫流行，尤其是在每年的大暑前后，病疫尤为泛滥。人们都认为这是“五圣”——张元伯、刘元达、赵公明、史文业、钟仕贵五位凶神——在祸乱人间，于是在葭沚江边建了一座五圣庙，当地民众谁染上了疾病，便来到庙中向五圣祈祷，据说只要心意虔诚，便能够心想事成，消灾除病。为了感谢五圣的庇佑，人们还会用猪、牛、羊等牲畜来供奉他们。

后来，江边的渔民们决定将大暑节定为集体供奉五圣的日子，并用渔船将供品沿江送至椒江口外，为五圣享用，以表虔诚之心。每年大暑节到来之前，木工都会提前赶制船只，五圣庙要修建道场，还要请和尚做佛事，各方人士也会带着礼品赶到这里准备参加盛典。

活动当天，在锣鼓喧天、鞭炮齐鸣中，数十位渔民轮流抬着“大暑船”在大街上游行，人们带着满心的祝福，跟随队伍将船送到码头。在码头，将举行一系列盛大的祈福仪式，仪式结束后，“大暑船”满载祭品，被拉出渔港，随着落去的潮水，渐渐远离海岸漂向大海。

送“大暑船”活动于1958年后逐渐废止，近年又曾重新举办，只是规模已大不如前。

饮食风俗

正所谓“民以食为天”，热爱生活的老百姓总是喜欢把节气和食物联系起来，让每一个节气都拥有其最独特的风味，从而变得更加生动精彩。全国各地的人们不约而同地用不同的节令美食来迎接大暑，消暑避夏。

台湾地区在夏天盛产凤梨，大暑时节正值凤梨成熟的时候，所以有“大暑吃凤梨”的说法。六月十五还是台湾的“半年节”，台湾人在这一天有吃“半年圆”的习惯，半年圆也就是我们说的汤圆，寓意着甜蜜与团圆。烧仙草也是台湾以及广东地区夏季最受欢迎的小吃之一，既口感美味，还有清热消暑的功效，因此有谚语说：“六月大暑吃仙草，活如神仙不会老。”

在福建莆田地区，人们在大暑期间喜欢吃荔枝、羊肉和米糟，这三道美食都是莆田地区大暑时节家家户户餐桌上不可缺少的食物。

每逢大暑前后，成熟的荔枝挂满树梢，清香诱人。为了能更好地解暑，莆田人将新鲜的荔枝浸泡在冰凉的井水中，几天之后再取出来，这时的荔枝变得无比清凉，美味之至。

温汤羊肉也是莆田大暑的特色风味食物，具体做法是将宰杀的羊去毛卸脏，整只放进滚烫的汤锅里，煮沸后捞起来放到大陶缸中，将锅里的滚汤都倒进缸里，羊肉浸泡一段时间后，取出来切成薄片，吃起来鲜嫩可口。

米糟也是夏季消暑美食，每年大暑前，莆田人便开始做米糟，其做法是将米饭和白米曲拌在一起充分发酵，熟透成糟，到了大暑这天，将米糟切成块，配上红糖煮着吃。

在山东南部地区，大暑有喝羊肉汤的习俗，叫做“喝暑羊”。当地人认为，在炎热的三伏天喝羊肉汤不仅营养价值极高，而且还能帮助人体排出体内的热气。每逢大暑，农家都会杀一只羊供全家饱餐，没有养羊的人家也都会到饭店喝羊肉汤。

在浙江台州，大暑除了要送“大暑船”，还要吃“姜汁调蛋”。“姜汁调蛋”是鸡蛋羹的一种，其特别之处是使用姜汁来蒸蛋，再加入些许冰糖和黄酒、核桃，口感嫩滑，滋阴补阳，非常适合在炎热的夏日食用。

最极致的酷热将万物折磨得痛苦难忍，但这份光和热，却也是太阳对于地球万物最好的馈赠。亿万年来，地球正是凭借着这份光和热屹立于无尽星河之中，并成为最独特的那一颗。毕竟，酷热是短暂的，痛苦也是短暂的，在处暑之后，太阳仿佛将燃烧殆尽，夏季渐行渐远，而清秋时节，正在不远的前面向我们招手。

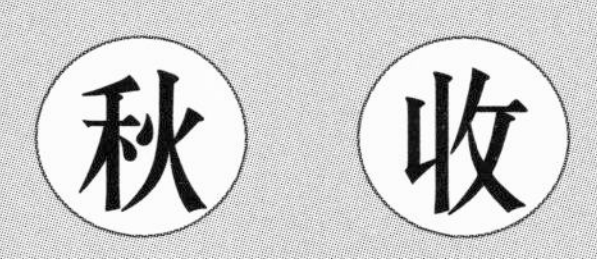
秋 收

立秋

满阶梧桐月明中

乳鸦啼散玉屏空，一枕新凉一扇风。

睡起秋声无觅处，满阶梧桐月明中。

——《立秋》

年幼的乌鸦声声啼叫，鸦声散去后，空留玉饰的屏风孤独伫立。枕边吹来一阵清爽的凉风，像是用一把凉扇扇出来的。睡梦中仿佛听到草木萧瑟的秋天之声，起身出门却无处可寻，只能看见月光之下，梧桐落叶已铺满石阶。

世事“日中则昃，月满则亏”，盛夏的太阳以最热烈的姿态炙烤着人间，直到光热燃烧渐寂。万物尚且沉浸在未尽的余热之中时，大地已然迎来了第一抹微凉的清风，从热气蒸腾的炼狱，回归到温柔的、金黄的人间。

当第一袭清风拂过衣袂，当第一片叶子离开树枝，当第一颗谷粒金黄饱满，这些无声的讯息无不表明，秋天已经悄悄降临到我们身边……

立秋，是二十四节气中的第十三个节气，也是秋季的第一个节气，在大暑之后、处暑之前，时间为每年的 8 月 7 日、8 日或 9 日。立秋节气的到来，标志着秋季的开始。前文宋代诗人刘翰所作的《立秋》一诗，便形象地描写了立秋节气的景象。

《月令七十二候集解》上说：“立秋，七月节。立字解见春。秋，揫也，物于此而揫敛也。”意思是说，立秋是农历七月份的节气。“立”的含义和立春一样，是开始的意思。揫敛，有聚集的意思，代表着庄稼成熟结果。

从文字构型来看，“秋”字左边是“禾”，右边是“火”，本身就蕴含着禾谷成熟的意义。所以秋天是万物丰收的季节，人们熬过酷暑，终于在凉爽的天气中迎来了收获的时节。

不过，立秋虽是秋季的节气，但此时暑气未散，从气候的角度来讲，依旧处于夏季，还未真正入秋。

·物候与气候·

为更好地反映立秋期间的气候变化，古人将立秋节气中的十五天分为以下“三候”：

一候凉风至。一入立秋，风中的燥热之气便减轻了，平添了一丝凉意，清爽而舒服的秋风，使人们不再闷热难当。

二候白露降。再过五天，随着昼夜温差愈发增大，水汽在夜间遇冷凝结成小水珠，挂在草木上。立秋时节，清晨的野外，往往能看到晶莹的露水，远远望去，一片茫茫的雾气，尽显朦胧之美。

三候寒蝉鸣。立秋之后的第十一天开始，寒蝉开始鸣叫了。不同于夏蝉的聒噪响亮，寒蝉叫声凄凉，往往被视作悲秋的意象。比如柳永那句著名的“寒蝉凄切，对长亭晚，骤雨初歇。”

这三个典型物候都反映出了在立秋时节，酷暑渐渐消散，天气一日比一日凉爽，秋天近在眼前。正如民谚所说：“早晨立了秋，晚上凉飕飕”，此时正值夏秋交接之际，暑去凉来，降温幅度着实不小，尤其在夜间，更是凉意沁人。

气候学认为，当连续五天内的平均气温都低于22℃时，则算是真正进入了秋季。按照这一标准来说，在立秋节气时能够准时入秋的，只有我国的极少部分地区。大部分地区此时都还处于夏季，尤其是在炎热的南方地区，正值“三伏天”中的末伏，处于酷热的盛夏时分，距离秋天还有很长一段时间，被叫做“长夏”。

所以在立秋之后，并不意味着大江南北都进入了秋天，我国不同地区的入秋的时间先后不一。对于这种时间上进入秋季，气候上却仍处于夏季的现象，人们称之为“秋老虎”。在“秋老虎”时期，昼夜温差较大，白天高温曝晒，时常可达35℃以上，不过早晚却不再闷热，比较凉快。民间广泛认为，如果当年的立秋这日没有下雨，那么立秋之后的二十四天都会非常炎热，叫做“二十四个秋老虎”；如果立秋这天下了雨，则会被称为“顺秋”，正所谓“一场秋雨一场凉”，随着秋雨的降临，气候会越来越凉爽，也许这一年将会没有“秋老虎”。

·农事养生·

农谚说：“秋后一伏热死人”。此时暑气还未消散，人们不得不继续承受着炎炎烈日。但对于农作物而言，正是这样的高温使得它们加速发育和成熟。而勤劳的劳动人民也从不贪闲，立秋前后依然有非常繁忙的农事活动等待着他们。

除了要争分夺秒忙于早稻的抢收和晚稻的移栽，许多农作物都在这时进入了生长发育的旺盛时期。中稻正在开花结实，大豆结荚，玉米抽穗，棉花也到了保伏桃、抓秋桃的时期。“棉花立了秋，高矮一起揪”，可见立秋前后的田间管理对于棉花的生长极为重要。总之，这时几乎所有庄稼都进入了成熟前的最后冲刺时期。

秋种也是这一时期的重点。“立秋荞麦白露花”，在华北和东北地区，要抓紧时间播种荞麦。大白菜也要在降温之前尽早播种，二季晚稻的移栽时间同样是最晚不能超过立秋。

“七挖金，八挖银”说的则是在立秋期间，茶园也到了秋耕秋挖的重要阶段，需要及时开展秋挖工作，松土、除草、施肥每一样都要认真对待。

秋季雨水不如夏季充沛，而各种作物的生长发育此时对于雨水的需求却没有变少。“立秋有雨样样收，立秋无雨人人忧”，“立秋无雨是空秋，万物历来一半收”，足见立秋雨水对于本年是否丰收的重要影响。所以要随时关注降雨情况和田间湿度，及时进行灌溉，才能迎来更加丰硕的秋收。此外，还要着重防治病虫害，及时喷洒药物杀虫除虫。

立秋时节也要注重保健养生。秋季阳气渐收、阴气渐长，人体也应遵循这一变化，进行合理的调养。

在酷热的夏季，人们往往会食欲不振、日渐消瘦，入秋之后天气日渐凉爽，食欲也有所增强，所以可以适当进补。秋季干燥，应多吃润燥的食物，比如莲子、桂圆、番茄、芝麻、蜂蜜、银耳、百合等，这些滋润多汁的食物，可生津润肺。

中医认为秋季主肺，而“肺收敛，急食酸以收之，用酸补之，辛泻之。”所以秋季养肺要多吃酸味的蔬菜瓜果，辛辣的食物必须少吃，防止引起燥火。除了辛辣，冷食也是秋季的禁忌，不可过多食用。

在作息方面，要顺应时节的变化，调整为早睡早起，如古人所说“早卧早起，与鸡俱兴”。此外，早晚温度较低，但不可添加太多衣物，“春捂秋冻”才能增强身体的抵抗力。秋季还应展开适当的体育锻炼，保持心情平和舒畅，力求身心健康。

·民俗文化·

迎秋

在古代，“迎秋”仪式和“迎春”“迎夏”仪式一样，是非常重要的节日之一。《礼记·月令》记载：“立秋之日，天子亲帅三公、九卿、诸侯、大夫，以迎秋於西郊”。可见早在周代，“迎秋”便是隆重的官方活动。

每逢立秋这天，周天子都会亲自率领官员们到西郊去迎接秋天的到来。在典礼上，要祭祀蓐收，蓐收是传说中的“秋神”，掌管着人间秋收冬藏的事宜。天子祭祀蓐收，为臣民祈求消灾避难、五谷丰登。

到了唐代，立秋日迎秋的习俗有所改变，据《新唐书》记载，每年的立秋和立冬之日，都要在郊外祭祀五帝。而宋代，皇宫里也会隆重迎秋，立秋之日，宫人们便会把外面的盆栽梧桐移到宫里来，时辰一到，专门的太史官会大声宣告："秋来了。"话声刚落，一片梧桐叶飘然落下，表示秋天到了，正所谓"一叶知秋"。

贴秋膘和咬秋

北方很多地区都有"贴秋膘"的习俗。这是因为在刚刚过去的盛夏里，由于太过炎热，人们缺乏食欲，再加上大量出汗流失水分，导致身体消瘦了不少。入秋之后，秋高气爽，人们的食欲也恢复了，便迫不及待地想要将夏天掉的肉吃回来。

简单来说，"贴秋膘"就是尽情吃肉。一入秋，家家户户都会尽显厨艺，烹饪各种肉食来补充能量。白切肉、红焖肉、炖肉、炒肉……五花八门、应有尽有。不过要注意的是，进补需有度，切不可毫无节制。秋季干燥，食用过多肉食容易上火，还会导致"秋胖"。所以在"贴秋膘"的时候，应该适当吃肉，同时可搭配萝卜、竹笋、海带、蘑菇等低热量的食品。

此外，"咬秋"的习俗也很广泛。在立秋时节，为了庆祝终于熬过了炎热的夏季，人们都会吃西瓜或香瓜，还有"吃西瓜不生秋痱子"的说法。有些地区"咬秋"还会吃山芋、玉米等食物。

立秋节气，各地都有独特的风味食俗。在山东的一些地区，有句民谚叫做"吃了立秋的渣，大人孩子不呕也不拉"。这里的"渣"，是一种由豆末和青菜做成的小豆腐，据说吃了可以预防腹泻。在江南一带，立秋要吃核桃，吃完核桃后还要将核桃的壳收起来，到了除夕那天，再拿出来丢到火里烧成灰烬，据说这样可以消灾免难。而在川渝大地，立秋有喝"立秋水"的习俗，男女老少都会在立秋这天喝一杯水，据说可以消除积暑，还可以防止痢疾。此外，义乌地区吃小赤豆、川东地区吃"良宵"、台湾吃龙眼肉……这些丰富多彩的美食，传达出的是不同地区的人们对于秋天同样的热爱。

搭火炕和晒干菜

在东北地区，还有搭火炕和晒干菜的习俗。

立秋前后正是收割小麦的时候，农民们将麦壳掺在黄土中，做成土坯，搭成火炕。这一独特的制作方法凝聚了世代人民的经验，他们以切身冷暖得出结论：这样做出来的火炕保温效果极好，可以抵御寒冷，是东北农村冬天最佳的取暖设备。

在秋天，许多蔬菜都成熟收获了，一时堆积如山，家家都吃不完。在古代，没有冰箱，吃不完的蔬菜该如何存放呢？这可难不倒智慧的劳动人民，他们想到了一个绝妙的应对之策——将青菜等各种蔬菜晒干，就可以长期储存了。在即将到来的严寒冬日，东北冰天雪地、万物沉寂，缺乏新鲜的蔬菜，便把干菜取出来浸泡清洗，做成各种口感美味、营养丰富的菜肴。

所以每逢日照充足的立秋节气，人们就会将豆角、青菜、辣椒等各种蔬菜拿到院子里晾晒，做成干菜。虽然如今冬天里已有源源不断的新鲜蔬菜供应，但干菜仍然是东北人民无比喜爱的食物。

摸秋

在安徽和江苏等部分地区，立秋之夜有摸秋的习俗。正所谓“八月半摸秋不算偷”，在立秋的夜晚，结婚后未生育的女子在小姑子或其他女眷的陪伴下，都要到田里去“偷”庄稼。按照当地的说法，如果摸到南瓜，就可以生男孩，如果摸到扁豆，就可以生女孩。无论是偷瓜之人，还是被偷之人，都笑不可支，以此为乐。

秋忙互助

立秋前后正值丰收的时节，农村里家家户户都忙着秋收。而自古以来，善良热情的农民们都习惯于互帮互助，在秋收的过程中，往往会举全村之力，抢收成熟的庄稼。张家的稻谷先成熟，大家便先帮助张家抢收，接着李家的稻谷也成熟了，全村又一起帮助李家抢收，如此你帮我家，我帮你家，最后谁家的庄稼也不会落下，大家一起喜迎丰收。

秋天是清爽怡人的季节，是丰收喜悦的季节，也是悲愁暗生的季节。正所谓“悲春悯秋”，在萧肃的秋天，人们总会平添几分多愁善感。正如刘禹锡在诗作《秋词》中所言：

自古逢秋悲寂寥，我言秋日胜春朝。
晴空一鹤排云上，便引诗情到碧霄。

自古以来，人们每逢秋天就悲伤寂寥，我却要说秋天比春日更加美好。你看那一排飞鹤飞上晴朗的碧空，将我满心的诗情画意带到了云霄之上。

是啊，中华大地九百六十万平方公里，处处都有它的精彩之处；上下五千年人文历史、科学地理，样样都有它的迷人之处；一年四个季节，二十四个节气，三百六十五天，天天都有它的美好之处。只要不失乐观，不忘希望，春夏秋冬都有满满的诗情画意！

处暑

秋日景初微

疾风驱急雨，残暑扫除空。
因识炎凉态，都来顷刻中。
纸窗嫌有隙，纨扇笑无功。
儿读秋声赋，令人忆醉翁。
——《处暑后风雨》

一阵疾风呼啸而过，带来一场倾盆暴雨，将残余的暑气一扫而空。顷刻之间炎热的天气变得清凉。纸窗的空隙吹来阵阵凉风，夏日的绢扇再无用武之地。儿童在书房读《秋声赋》，使人不由得回忆起欧阳修。

时间转眼到了八月下旬，彼时虽然夏日的暑气还未完全消散，但已逐渐凉快下来，天高气爽，秋景初微。在急躁的狂风暴雨过后，处暑节气来临了。宋元之际的诗人仇远这首《处暑后风雨》便创作于此时，描绘了处暑时节风雨之后的所见所感，一派清新自然，令人读来亲切不已。

处暑，是二十四节气中的第十四个节气，也是秋季的第二个节气，在立秋之后、白露之前，时间为每年的 8 月 23 日前后。

《月令七十二候集解》上说："处暑，七月中。处，止也，暑气至此而止矣。"意思是说，处暑，是农历七月中旬的节气。处，有离去、终止的意思，到了这一时节，暑气就基本消退了。

前面说到过，立秋虽然是秋季的第一个节气，但气候上还属于夏季。处暑节气的到来，则代表大地已经基本告别酷热的盛夏，多数地区都进入了气候意义上的秋天。

·物候与气候·

为更好地反映处暑期间的气候变化，古人将处暑节气中的十五天分为以下“三候”：

一候鹰乃祭鸟。处暑节气一到，老鹰开始大量捕捉鸟类。老鹰捕猎的方式很奇特，它们捕获到猎物并不急着吃，而是会先摆放在地上，看起来就像是祭品一样。鹰类在此时大量捕猎，是为了囤积食物，为即将到来的漫长冬日做准备。雨水节气有“獭祭鱼”的物候，跟处暑的“鹰乃祭鸟”情状相近。

二候天地始肃。从处暑节气的第六天开始，天地万物一派肃杀的景象，草木渐渐凋零。

三候禾乃登。禾，指的是黍、稷、稻、粱类农作物的总称；登，成熟的意思，五谷丰登中的“登”便是这个意思。处暑节气的最后五天，各种农作物都先后成熟了，大地处处洋溢着丰收的喜悦。

这三个典型物候中，第一个描绘的是动物囤食过冬，第二个描绘的是植物开始凋零，第三个描绘的是庄稼成熟，无不充满着秋天的气息。

的确，处暑一过，中华大地的秋意就渐渐地浓了起来。在我国最北的黑龙江、新疆北部地区，早在八月中旬就已经进入了秋天，东北、华北、西北等地也在处暑时节陆续步入了秋天。中部、南部地区暑气还未完全消散，气候上还属于夏季，虽然依旧炎热，但随着冷空气的南下，各地都开始有了一定程度的降温，“一阵秋风一阵凉”，比起夏天来说凉快了不少。

唐代大诗人白居易的《池上逐凉》便是这一时节的消暑好诗。诗中前四句这样写道：

青苔地上消残暑，绿树阴前逐晚凉。

轻屐单衣薄纱帽，浅池平岸庳藤床。

台阶上的青苔将残余的暑气消散殆尽，傍晚时分在树荫下消暑乘凉。穿着轻便的鞋，单薄的衣衫，戴着薄纱帽子，趟在池塘岸边的矮藤床上，感到无比的清凉。

立秋节气中的“秋老虎”有可能还会延续到处暑之后，主要侵袭江南、华南等地区。一旦“秋老虎”来袭，则又将引发新一轮的酷热，正如民谚所说：“大暑小暑不暑，立秋处暑正当暑”。还有民谚说：“处暑十八盆，谓沐浴十八日也”，意思是处暑过后，大约还要热十八天。十八天之后，便再也不会炎热了。

处暑之后，大部分地区的雨季都结束了，降水量有所减少，空气变得干燥起来，所以往往用“秋高气爽”来形容秋天。杜甫诗云：“三伏适已过，骄阳化为霖”，东北、华北往往会在冷高压的控制下迎来连绵的秋雨，秋雨之后，人们再想看到充沛的雨水就很难了。在华南大地，降水将由夏季的西多东少逐渐转变为西少东多，在华南的中部地区，此时的降雨量是全年的次高点，非常之多。

·农事养生·

处暑前后，多数农作物都进入了快速成熟的阶段。这是因为，此时的气候白天温暖、夜晚寒凉，庄稼在白天进行光合作用产生大量淀粉等有机物，在低温的晚上呼吸作用消耗较少，能量贮存极快。

在南方地区，此时中稻已经成熟，农民们都展开了忙碌的收割工作。一旦这时出现连绵的阴雨天气，便是农家的灾难——稻谷无法顺利地晾晒和储藏，而且很容易生芽或发霉。所以人们热烈盼望着每天都是晴朗无雨的天气，只有这样，才能使得收割活动顺利完成。夏玉米、高粱也陆续成熟，到了收成的时候。

处暑时节，晚稻正在拔节、孕穗，甘薯薯块快速膨大，棉花到了吐絮期，苹果、梨等各种水果也都到了最后膨大定型的时期。这些即将成熟的作物，都需要悉心做好田间管理，及时浇灌，适当追肥。

处暑之后，也到了我国渔业收获的季节，大量种类繁多的新鲜海鲜上市，“靠海吃海”的人们也同样享受着丰收的喜悦。

秋天阴气渐增，而阳气继续减损，人体的变化也遵循这样的规律。所以秋季养生要着重“养阴”。

秋天气候干燥，燥气对人体损伤很大，为防止“秋燥”，在饮食上，应多吃滋阴润燥的食物。早晨最好吃温热、易消化的食物，比如百合莲子粥、银耳冰糖糯米粥、杏仁川贝糯米粥、黑芝麻粥等各种粥食。新鲜蔬菜和水果同样可以养护肝脾，也要多多食用。秋季干燥还容易引发便秘，可摄入蜂蜜、香蕉等润肠通便的食物，也要多吃富含纤维的食物，喝各类生津润燥的花茶。要少吃辛辣油腻等刺激肠胃的食物，尤其是生姜这类易上火的食物，更是禁忌。

在作息上，要保持充足的睡眠，改变夏季晚睡早起的起居习惯，晚上早点睡觉，才能养足精神。正所谓“春困秋乏”，初秋气温下降，导致人体易疲乏无力，所以除了增加睡眠，还应展开适当的身体锻炼来预防“秋乏”。散步、慢跑、秋游等简单温和的运动方式比较适合在秋季进行。

处暑时节早晚气温较低，要注意防寒保暖，避免着凉感冒。晚上睡觉要盖好被子，还要根据气温变化及时添加衣物，在添衣时，不宜穿太厚的衣物，要遵循“春捂秋冻”的养生之道。此外，秋天的气候特征还容易损伤人体的肾脏和肺，要及时调理，加强对身体的保护。还要尽量控制悲伤消极的情绪，保持平和乐观的心态，所谓“养生重在养心”，说的便是这个道理。

·民俗文化·

七夕节

七夕节在每年农历的七月初七，一般都在处暑节气期间，是一个极具浪漫色彩的传统节日。它的起源可以追溯到三四千年前，相传在农历的七月初七或七月初六的晚上，妇女们都要在庭院里礼拜七姐（即七仙女），还会穿针乞巧，祈求七仙女的智慧和巧艺，所以这一天又被称为“乞巧节”“少女节”或“女儿节”。七夕节还因为牛郎织女的浪漫传说而被赋予了爱情的意义，被认为是“中国情人节”。相传牛郎织女这对恩爱的夫妻天人相隔，只有每年的七夕节才能在鹊桥上短暂相聚。

《开元天宝遗事》里面就记载了唐朝时非常盛大的乞巧仪式：在七月初七的晚上，人们将各种新鲜的瓜果、鲜花以及美酒摆在庭院中，在美丽的夜色中祭拜牵牛星和织女星。

到了宋元时期，七夕乞巧变得更加隆重，京城里还设有专门卖乞巧物品的市场，被称之为“乞巧市”。每逢七夕前后，乞巧市上人来人往，热闹非凡。

时至今日，七夕节依旧是我国最为重要的传统节日之一，更成为现代年轻情侣眼中当之无愧的情人节。

中元节

七夕之后，很快又将迎来中元节。中元节在每年的农历七月十五，也被叫做“鬼节”或“盂兰盆会”。

中元节原本是一个宗教性的节日，其起源主要有两种说法：一是始于道教，传说地官在这一天会降临人间，来定人们的善恶，所以人们要虔诚地祭祀地官；另一种说法是始于佛教，这也是“盂兰盆会”这一说法的来源，盂兰盆是祭祀所用的器皿。传说每年的农历七月初一开始，阎罗王便

会打开鬼门关，让阴曹地府的鬼魂可以回到阳间，直至月底才会关闭。于是在这期间，人们通过举办各种祭祀活动来寄托对已故亲人的哀思，如开鬼门、树灯篙、放河灯、关鬼门等。

中元节与除夕、清明节、重阳节合称为中国四大传统祭祖大节，时至今日，民间还依旧保留着七月十五祭祖扫墓、放河灯等重要传统民俗。河灯又叫“荷花灯”，其外形为荷花的形状，底座上放上一支点燃的蜡烛，放到水面上漂泊。

开渔节

处暑过后，我国沿海地区的渔民便迎来了收获的季节。这时海里的水温尚高，各种水产都已发育成熟，正是渔民们出海打捞的最好时节。出海之前，沿海地带的渔民们会举办一年一度的开捕祭海活动，祈祷今年能够获得大的丰收。

如今，浙江、福建等地的开渔节都会在每年处暑期间按时举办，已成为全国著名的节庆之一，不仅节约了渔业资源，同时还促进了当地旅游业的发展，比较出名的有象山开渔节、舟山开渔节、南海开渔节等。

处暑之后，夏日暑气在愈渐微弱的蝉鸣声中消散而去，几乎所剩无几，清风拂过，仿佛带来一丝似有若无的凉意和清爽。这一刻，万物都从酷热中彻底解脱。此后热闹的夏日开始沉静下来，一缕清风，一滴白露，不知何时便悄然而至，秋天也在每年的这个时候，如约而至。

白露

冷露无声湿桂花

蒹葭苍苍，白露为霜。

所谓伊人，在水一方。

溯洄从之，道阻且长。

溯游从之，宛在水中央。

——《诗经》

初生的芦苇茂盛生长，秋日清晨晶莹的露水凝结成冰霜。心中思慕的伊人啊，在水的那一边。逆着水流去找寻她，道路艰险并且漫长。顺着水流去找寻她，雾气朦胧间仿佛看到她站在那河水中央。

这首脍炙人口的诗歌，赋予了白露节气几分清雅的诗意，为这一时节增添了些别样的情思。清晨草木枝条上那一滴滴美丽的小水珠，为赶走夏日炎热默默做出贡献，使得秋天凉意渐深。“白露”这一优美的节气，便是由此得名。

白露，是二十四节气中的第十五个节气，也是秋季的第三个节气，在处暑之后、秋分之前，时间为每年的 9 月 8 日前后。

《月令七十二候集解》上说：“白露，八月节，秋属金，金色白，阴气渐重，露凝而白也。”意思是说，白露是农历八月份的节气，秋天五行属金，而金是白色的，这一时节阴气越来越重，空气中的水蒸气在低温下冷凝成洁白的露珠。这便是白露节气的最初含义。

“八月秋风阵阵凉，一场薄露一场霜”。如果说处暑节气代表着暑气退散，那么白露节气的到来则表示大地已经迎来了凉爽的仲秋。

·物候与气候·

为更好地反映白露期间的气候变化，古人将白露节气中的十五天分为以下“三候”：

一候鸿雁来。白露节气一到，北方的大雁开始启程飞往南方过冬。北雁南飞是一个陆续、分批的过程。白露时第一批启程，到了寒露时节，有“鸿雁来宾”的物候，表示最后一批大雁也启程南飞了。

二候玄鸟归。玄鸟，也就是燕子。从白露节气的第六天开始，燕子离开北方飞往南方，等到了来年的春天，再成群结队飞回北方。

三候群鸟养羞。“羞”是“馐”的本字，意为美味的食品。在白露节气的最后五天，各种鸟类都开始储藏过冬的食物。可见秋天已至，冬日就在不远的将来了。

这三个典型物候都跟动物有关，描绘了各种动物在此时节的所作所为。反映出在白露时节，秋天的气息更浓厚了，气温也比刚刚过去的处暑时节更低了。

“白露秋风夜，一夜凉一夜”。在白露时节，全国各地的气温下降速度都非常快，尤其是在夜晚，更是凉意透骨。这是因为，这一时节炎热的夏季风逐渐被冬季风所压制，寒冷的北风阵阵吹来，并强势南下。再加上太阳直射点继续南移，我国所在的北半球日照时间持续减少，阳光的强度也一日比一日更弱，各地都大幅降温。这时全国大部分地区的气温都会降至22℃以下，已经正式进入了秋天。

从降水方面来看，白露时节全国大部分地区的降雨量都有明显减少。由于干燥的冷空气的强势侵袭，不仅东北、华北地区降水量大幅减少，长江中下游部分地区还易发生旱情，造成夏秋连旱的灾害气候。但同时，我国西部地区和华南大地都是持续的阴雨天气，秋雨连绵。在东南沿海地区，还可能因为台风来袭而迎来大暴雨天气。

·农事养生·

秋高气爽的白露一到，便迎来了繁忙的秋收秋种时节，农事活动十分丰富。

在东北平原，谷子、高粱、大豆等农作物都已逐渐成熟，繁忙的收成工作正在展开；在西北、东北地区，冬小麦的种植也开始了；全国各地的棉花都争先恐后地吐着饱满的棉絮，等待农民们的采收；南方的单季晚稻已经开始扬花灌浆，双季晚稻也快要抽穗，需要着重做好灌水、排水工作。此外，秋茶也到了采制时间，很多地方都有喝“白露茶”的习俗。

白露时节冷空气入侵，气温下降极快，尤其夜晚更是十分寒冷，这样的气候条件给农业造成了严重的危害。此时正值晚稻即将抽穗扬花的重要时期，过度的低温会影响晚稻的收成，所以必须采取有效措施来预防低温。一般会采用灌水的手段来隔绝冷空气，防止热量大量散失，以达到保温的效果，来保证更好的收成。

此外，还需要预防“秋旱”。农谚有言：“春旱不算旱，秋旱减一半。春旱盖仓房，秋旱断种粮。”白露时节部分地区降雨量太少，容易导致夏秋连旱，一旦旱情发生，往往会造成大面积的减产，严重时甚至会导致区域性绝收，后果不堪设想。因此要注意提前蓄水、及时灌溉。发生秋旱时，还需要注意山林防火，避免发生山火。

白露时节的养生和保健也非常重要，需要引起注意。

在饮食上，白露养生要多吃清淡、易消化的食物。正所谓“秋吃早粥”，早餐可以食用一些由砂锅熬制而成的滋补的粥品。身体此时不适合过度进补，要以平补为主，比如莲子、银耳、白果、萝卜、薏米等。要避免食用生冷、油腻、辛辣的食物，并多吃富含维生素的蔬菜水果，以缓解秋燥。

这一季节气温骤降，还需要注意防寒保暖。俗话说："处暑十八盆，白露勿露身。"白露时节距离处暑已经有十八天了，暑气已经完全消退，不能再将身体暴露在冷空气中。要避免用冷水洗澡，避免穿短袖衣裤，晚上睡觉时不可贪凉，要盖好被子，尤其是脚部和腹部更要注意保暖，避免寒气入体引发各种疾病。此外还要进行适当的体育锻炼，以增强秋冬季节身体的抗寒能力和免疫力。

·民俗文化·

祭禹王

禹王，就是传说中疏通三江的治水英雄大禹。据说当年水怪作乱、引发水患，是大禹从北到南将黄河到江淮一带的江流河海都疏通，并将水怪镇压在太湖底下。虽然这仅仅是一个遥远的传说，颇具几分神话色彩，但古代的人们为了寻求内心的安定，将大禹视作太湖一带的守护神，每年都要祭拜他。尤其是水患泛滥的年份，江苏太湖地区更是会举办盛大的祭祀仪式，祈求禹王能够保护这一地百姓的平安。

"祭禹王"分为春秋两祭，分别是在清明节气和白露节气。白露时秋水横溢、鱼蟹生膘，正临近秋季水上收获捕捞的时刻，对于太湖地区以水为生的渔民们来说尤为重要。所以每逢白露时节，渔民们都会赶往位于太湖中央小岛上的禹王庙进香，祈祷禹王能带来海晏河清、年岁丰收。

白露"秋祭"一般要持续七天。在这期间，禹王庙附近人流涌动，前来祭拜的渔民络绎不绝，商客们迎来送往，还会请来草台班子表演折子戏，《打渔杀家》是每年必演的节目。

白露"祭禹王"的习俗不仅寄托了人们对于丰收的向往，还被赋予了一方水土娱乐、交际的特征。除了苏州太湖，山西省沿黄河一带也有白露“祭禹王”的民间习俗。

斗蟋蟀

蟋蟀是秋季特有的“时令虫”。每年立秋前后，田野中的小蟋蟀开始迅速孵化、生长，等到白露节气，便是一派“秋夜促织鸣”的景象了。善于在大自然中发现生活乐趣的古人们，开始玩斗蟋蟀的游戏。

斗蟋蟀和斗鸡的方式大同小异——将两只蟋蟀放在一个罐里，用须草撩拨它们。雄蟋蟀本性十分好斗，且个头丰满巨大，在人们的撩拨之下便斗志昂扬地“斗”起来了，赢的那只蟋蟀就是本场战斗的“冠军”，它的主人也会无比神气。斗蟋蟀这项游戏，早在唐代天宝年间就已十分风靡；到了宋朝，乃至后来的明清时期，斗蟋蟀都一直是上至宫廷、下至百姓的全民游戏。可以说每逢秋季，人人都要养蟋蟀、斗蟋蟀，甚至还会举办官方的斗蟋蟀比赛，十分热闹。

随着快速的城市化进程，如今斗蟋蟀的习俗已经日渐式微了，不过，这种古趣依旧还遗存于某些农村地区。

饮食风俗

白露时节气候转变较大，是由夏入秋的转折点。此后天气日渐转凉、空气也变得干燥，所以人们会在这时通过“食补”来加强身体素质，也叫作“补露”。在白露节气，各地都有不同的饮食风俗。

在福建的福州等地区，有“白露必吃龙眼”的说法。龙眼也就是桂圆，在白露之前成熟，味道香甜、口感多汁，含有丰富的营养成分，还具有益气补脾、消疲补血的药用价值，当地人甚至认为白露吃龙眼胜过吃鸡。无论是一盘冰镇的新鲜龙眼，还是一碗温热的龙眼香米粥，都是最美味、最营养的白露美食。

南京人则喜欢在白露喝“白露茶”。白露茶又叫做秋茶，是在秋天采制的茶叶。不同于春茶的鲜嫩，白露茶经过了一整个炎热夏季的曝晒，口感清香而醇厚，独得许多茶客的喜爱。

有人爱茶，自然就有人爱酒。在湖南郴州、苏浙地区以及贵州等地，人们都要在白露节气喝“白露酒”。白露酒由糯米和高粱酿制而成，如果装坛密封、埋入地下窖藏几年，则会愈久弥香。每逢白露时节，这些地方的人们都会酿制一坛白露酒，无论是自家饮用还是招待客人，都是绝佳的饮品。

在浙江、温州等地，白露时节有吃“十样白”的习俗。“十样白”，指的是十种名称中带“白”字的草药，一般包括白木槿、白毛苦、白芍、白芨、白术等，将“十样白”连同乌鸡或鸭子一起小火煨炖，滋补效果非常好，还能祛除身体的湿气，治疗风湿疾病。

此外，很多地方还有白露吃番薯、吃鳗鱼熬萝卜的习俗。

夏日已去，秋风送来阵阵凉意，洁白的露珠凝结着千百年来这一时节的诗情画意，也勾起了无数心中的淡淡愁思——“对酒当歌，人生几何？譬如朝露，去日苦多”，这是伟人曹操难消的枭雄之愁；“玉阶生白露，夜久侵罗袜”，这是长信宫中失宠妃嫔班婕妤的深闺之愁；“露从今夜白，月是故乡明”，这是杜甫笔下绵长的游子之愁……这些愁，都在更深露重、落花成冢的夜晚汇聚成最清凉的美。

没有夏日的酷热，也没有冬天的寒冷，这样微凉的时节，大概是人间最富美丽哀愁的时节，也是最舒心称意的时节吧。

秋分

秋向此时分

返照斜初彻，浮云薄未归。
江虹明远饮，峡雨落馀飞。
凫雁终高去，熊罴觉自肥。
秋分客尚在，竹露夕微微。
——《晚晴》

通透明亮的夕阳斜照着大地，层云飘浮在遥远的天边。江面上闪耀着一道彩虹，山峡间瀑布倾泻。大雁在高空盘旋，肥美的猛兽在林间奔跑。秋分时节依旧在他乡远游，夕阳西下，竹叶上露水微凉。

白露之后，露水一日比一日冰凉，秋意也一日比一日浓厚，随之而来的，就是秋分节气。杜甫的这首《晚晴》描绘的便是这一时节秋高气爽的景象。

秋分，是二十四节气中的第十六个节气，也是秋季的第四个节气，在白露之后、寒露之前，时间为每年的 9 月 23 日前后。

和春分一样，秋分也有这两层含义：一是平分了整个秋季，此时秋天的九十天正好过去了一半；二是秋分节气阴阳各占一半，所以昼夜、寒暑都完全平分。正如《春秋繁露》所描述的："秋分者，阴阳相半也，故昼夜均而寒暑平。"

总之，秋分和春分，之于春季和秋季的意义镜像对称，就像一对长相、性格都很像的双胞胎。

在每年的 9 月 23 日前后，也就是秋分日这天，太阳从北半球移动到赤道，黄经夹角为 180° ，而黄道和地轴形成了垂直的关系。因此这一天全球任何地方都是昼夜平分，白天黑夜都是均等的 12 小时。并且无论是南极还是北极，都不会发生极昼或极夜现象。此后太阳直射点渐渐往南半球偏移，我国所在的北半球白昼越来越短、夜晚越来越长，气候也越来越冷。

整个秋季在此时刚刚度过了一半，全国都弥漫着丹桂飘香、蟹肥菊黄的浓浓秋意。

·物候与气候·

为更好地反映秋分期间的气候变化，古人将秋分节气中的十五天分为以下“三候”：

一候雷始收声。秋分之后，便再也听不见雷声了。古人认为，只有在阳气较盛的时候才会打雷，而秋分之后阳气渐渐衰弱，阴气变得强盛，所以不会再有雷声。的确，雷雨天气是春夏的专属，秋冬季节一般不会有雷雨。

二候蛰虫坯户。再过五天，随着气温的下降，怕冷的小虫子都潜藏到洞穴中，还不忘将洞口封闭起来，防止寒气入侵。这是在为冬眠做准备了。

三候水始涸。再过五天，降雨量也大幅减少，河水、井水都开始干涸。

这三个典型物候反映出了仲秋时节的气候主要有两个特点：一是降温；二是少雨。

在秋分节气，我国大部分地区的日平均气温都在22℃以下，已经全面进入了秋季。在东北等严寒地区气温则更低，甚至已经能看见白霜了，要知道，大部分地区都要等到一个月后的霜降才会见霜。而南方也在冷空气的侵袭下不断降温，充满了秋天的寒凉。

秋分过后，全国大部分地区的雨季都已经结束，充沛的降雨从此变得奢侈。再加上云层减少、地表散热极快，水分的流失增多，所以秋季空气往往很干燥。“秋高气爽”“风轻云淡”“秋风送爽”“天朗气清”……这些形容秋天的成语，几乎都暗含了干燥这一特点。

·农事养生·

秋分一到，全国各地都进入了秋收、秋种、秋耕的“三秋大忙”时节。

秋分前后是一年中最丰收的季节，许多农作物都在这时成熟了。棉花吐絮、烟草变黄、玉米、大豆都在田间翘首期盼着农民们的采收，橙子、山楂、柿子等各式的水果也都散发着成熟的果香，纷纷上市。勤奋的劳动人民满怀幸福和喜悦，紧锣密鼓地进行着各项采收工作，家里的老人和小孩也都一齐上阵，将地里田间一年的努力变为满仓的粮食。

收获之余，秋分时节还有许多作物需要及时播种。在华北大地，有“白露早，寒露迟，秋分种麦正当时”的说法，说明在秋分前后，正是种植冬小麦的最佳时期，太早或太晚都不合适。而在鱼米之乡的江南地区，则有“秋分天气白云来，处处好歌好稻栽”的农谚，此时农民们正忙着播种水稻。

此外，对于一些即将成熟的作物以及越冬作物，需要做好相应的田间管理工作。一方面，要根据降水情况适当浇灌，防止秋旱的发生；另一方面，秋分之后冷空气随时都会来袭，还可能会遭受“寒露风”，影响作物的生长发育，所以要提前采取有效措施来防风防冻，还可适当施肥，增强作物的抗寒能力。

总之，无论是秋收还是秋种，都讲究一个“早”字。只有早播早栽，尽量避开霜冻、连阴雨等灾害天气，才能将危害降到最低，取得最佳的丰收成果。

秋分和春分一样，“昼夜均而寒暑平”，人体的养生保健也应顺应节气特征，注重阴阳平衡，避免阴阳失调。

“秋燥”是需要特别注意防范的。在秋分之前，由于夏日暑气还未完全消散，所以往往是“温燥”；但在秋分之后，大地余热全无，气候渐渐变得寒凉，“温燥”转为“凉燥”。秋燥容易引发咽炎等疾病，对肠胃也不利。那么，要如何预防凉燥呢？除了适当加强锻炼，增强身体的免疫力，还要注意多喝水，多吃糯米、蜂蜜、核桃、梨、乳制品等清润生津的食物，以及略带酸味或苦味的蔬菜、水果。

在作息上，要“早睡早起，与鸡俱兴”。此外，金秋时节虽然农家处处都洋溢着丰收的喜悦，但天地肃杀、万物萧条的气氛也容易引起人的“悲秋”情绪，一定要学会及时调整心态，不能长久沉浸在悲伤的情绪之中，可以多多参与户外活动，保持乐观舒畅的心情。

·民俗文化·

中秋节

中秋节是我国最重要的传统节日之一，时间是每年农历八月十五，一般都在秋分节气期间。

中秋节的起源众说纷纭，其中流传最广的是“嫦娥奔月”的故事。据说在远古时期，有一位力大无穷的勇士，名叫后羿，他曾拉开神弓射死了天上多余的九个太阳，将老百姓从十个太阳的严酷炙烤中解救出来。从此天上只剩下一个太阳按时起落，老百姓安居乐业，后羿也被人们奉为英雄。王母娘娘还送给后羿一颗仙丹，据说凡人吃了可以飞升成仙。

后羿有一位貌若天仙的妻子，名叫嫦娥，二人郎才女貌、十分恩爱，后羿将仙丹交给了嫦娥保管。不曾想有一日，正当后羿外出狩猎的时候，一位强盗闯进了家中抢夺仙丹，嫦娥为了不让强盗得手，在危急之际选择自己服下仙丹。她的身子越来越轻盈，渐渐地飘离地面，最后竟朝着月亮飞去了。

后羿回家得知此事后悲痛不已，他思念妻子，此后的每一个夜晚，他都痴痴地望着那一轮或阴或晴，或圆或缺的月亮，因为他相信，在那凄清的月宫里，住着一位美丽的仙子，也在思念着他……

关于月亮的传说自古以来就有很多，在古人的心中，月亮和太阳一样，都是最神秘、最权威的象征。早在周代，天子就率领群臣在春分日朝拜太阳，在秋分日祭拜月亮，以祈求神明庇佑。皇家“祭月”的仪式一直流传下来，慢慢地，祭月的活动在民间也盛行开来。

直到唐代，祭月的活动逐渐演化成为中秋节——因为秋分这天并不一定是月圆之夜，而每年农历八月十五这天的月亮，却是一年中最大、最圆、最亮的。人们对着最美的中秋月亮庆祝丰收、许下心中最美的愿望。

到了宋代，中秋赏月更是盛行不衰。古书《东京梦华录》里面就有这样的记载：“中秋夜，贵家结饰台榭，民间争占酒楼玩月。”生动地描述了中秋之夜万众赏月的盛况。

中秋吃月饼的习俗，一般认为跟朱元璋建立明朝有关。月饼最初是古代中秋祭拜月神的供品，到了元朝末年，朱元璋起义反元，军师刘伯温利用月饼传递消息，通知所有明军在八月十五那天统一起义，最终成功推翻了元朝的统治，建立大明王朝。“月饼起义”之后，明朝便有了中秋节全民吃月饼的习俗。此外，观潮、燃灯、猜谜、饮桂花酒等也是常见的中秋节民俗活动。

中秋节名列中国四大传统节日之一，它对于国人的意义不言而喻，仅次于春节。这大概是因为在其长久的演变过程中，被赋予了“团圆”的意义。每逢中秋之夜，无论人们身处何方，总是会赶回家人的身边，欢聚在一起，喝两盅桂花酒，吃香甜的月饼，共赏美丽的月色。即使因为距离不能相聚，也会遥寄相思，对着月亮吟诵一句“但愿人长久，千里共婵娟”。

秋社

秋社，是古时候秋季祭祀土地神的节日。

古人认为，社神掌管着人间的五谷丰收，所以在秋收基本结束之后，要专门向社神汇报这一年的收成情况，这叫做“秋报”。“秋报”的时间被定在立秋之后的第五个戊日，大约就在秋分前后的五天以内。

在秋社时，人们不仅要向社神汇报丰收情况，还要举行祭祀活动，要准备好香蜡纸烛，并将新收的稻谷做成新米饭，祭献给祖先、家神、灶君、社令，然后才可以自己食用。后来，秋社也逐渐演变成为庆祝丰收、群众集会、娱乐休闲的节日，亲朋好友在这天要互送社糕、社酒，出嫁的妇女还会回娘家看望亲人。

不过，这一习俗如今已经淡化，甚至消失了。

饮食风俗

秋分节气的饮食风俗和春分遥相呼应。

春分要吃“春菜”，而秋分也有“吃秋菜”的习俗。秋菜在岭南地区指的是野苋菜，当地人称之为“秋碧蒿”。在秋分时节，将野外的苋菜采回来，做成“秋汤”，和春分的“春汤”一样美味。

同样的，秋分也要吃“黏雀子嘴”，也就是汤圆，吃完将剩下的汤圆插在竹竿上，立在田坎间，以这样的方法来黏住麻雀的嘴巴，使它们无法再去田地里偷吃庄稼。

如果说春分是春季的最美节气，那么秋分无疑奏响了最悠扬的秋季赞歌。这一时节地球又一次达到了完美平衡的状态，并伴随着金秋的美景、丰收的喜悦和团圆的幸福。正因为有春天的辛勤播种，夏天的奋力耕耘，人们才能在此刻收获到最高的满足感、充实感、成就感和一整个严寒冬季的安全感。

寒露

气冷疑秋晚

袅袅凉风动，凄凄寒露零。
兰衰花始白，荷破叶犹青。
独立栖沙鹤，双飞照水萤。
若为寥落境，仍值酒初醒。

——《池上》

凉风袅袅吹动，寒冷的露水凄清地挂在草木上。兰花已经枯萎，各种花草也都开始凋零，荷花败落后，荷叶却依旧青翠欲滴。沙滩上仙鹤悠然独立，时而翩翩双飞，映照着美丽的水萤花。我一醉酩酊，大觉初醒，入眼的便是这样一幅情境，多么寂寥冷落啊！

白居易这首优美的诗作，描绘的便是深秋的景象。仿佛只在一场醉梦初醒之际，春夏就已远去，迷濛之间，时光一往无前，天气愈渐寒冷，人间迎来了寒露节气。

寒露，是二十四节气中的第十七个节气，也是秋季的倒数第二个节气，在秋分之后、霜降之前，时间为每年的 10 月 8 日前后，正值国庆长假之后。

《月令七十二候集解》上说："寒露，九月节，露气寒冷，将凝结也。"意思是说，寒露是农历九月份的节气，此时地面的露水冰冷无比，几乎快要凝结成霜。所以在寒露之后紧接着到来的，就是霜降节气。

寒露和白露一样，都是反映露水变化的节气。相比于白露时节的露水初现、晶莹剔透，寒露时凝结的露珠则越聚越多，且露水的温度更低。

寒露是二十四节气中第一个带"寒"的节气，如果说在这之前还只能说"秋凉"，那么寒露一过，则是真正的"秋寒"了。在此时节，气温持续下降，大江南北一派万物凋零的深秋景象，在北方以及部分西北高原等地区，甚至已经逐渐步入了冬季。

·物候与气候·

为更好地反映寒露期间的气候变化，古人将寒露节气中的十五天分为以下“三候”：

一候鸿雁来宾。北方的大雁并不是同时同批南飞的，不同地区、不同气候下的大雁飞往南方过冬的时间往往不同。白露节气有“一候鸿雁来”的说法，可见早在那时，便开始有大雁飞往南方。古书对于“鸿雁来宾”这一物候是这样解释的：“寒露，鸿雁来宾。雁以仲秋先至者为主，季秋后至者为宾。”意思是白露的大雁先到达南方，就像是主人，而寒露的大雁到达南方更晚，就像是客人。

二候雀入大水为蛤。在寒露时节，由于气候寒冷，雀鸟都躲起来御寒了，不再活跃在人们的视野中，而海水中的蛤蜊都游到海滩上晒太阳。贝壳的条纹和颜色都与雀鸟十分相近，所以古人认为，这些新出现的蛤蜊是由消失的雀鸟变成的。

三候菊有黄华。进入寒露的第十一天开始，菊花渐次盛开了。那一丛丛、一簇簇明亮温暖的金黄，是深秋最美丽的风景线。秋菊的盛开，是大地步入深秋的最佳标志，而菊花凋谢之后，也代表着金秋已尽、寒冬将至，此后都很难再看到这么热情美丽的花了。正如元稹《菊花》一诗所言：

秋丛绕舍似陶家，遍绕篱边日渐斜。

不是花中偏爱菊，此花开尽更无花。

秋菊环绕房舍尽情盛开，美如陶渊明家的小院，绕着篱笆观赏了无数遍菊花，直到日暮西斜也不厌倦。不是因为百花之中我最偏爱菊花，而是菊花开尽之后，漫长冬日再也看不到什么花了。

鸿雁南飞、雀化为蛤、菊花盛放……随着这些物候的一一发生，秋意最浓的时节到来了。

在寒露时节，太阳直射点继续南移，穿过赤道，到达南半球，这导致北半球日照变少、光线减弱，再加上愈渐强烈的冷空气，全国范围内气温都急速下降，同时伴随着干旱少雨的气候特征。

东北地区、新疆北部以及一些高原地区，已经率先进入了寒冷的冬季，甚至开始迎来降雪天气，很快便会出现白雪皑皑的美丽景致。首都北京也沉醉在一派浓浓的秋意之中，枫叶渐红、初霜挂枝，过不了多久就可以登上香山，观赏“霜叶红于二月花”的美景了。在长城以北的地区，气温已经普遍降至 0℃以下，西北、华北地区的气温都降到 8℃以下，广大的华南地区此时在 20℃以下，长江沿岸地区也热气消散，日渐凉爽，最高气温基本不会超过 30℃。

从降水的角度来看，寒露节气全国大部分地区的降雨量都有很大程度的减少，可以说雨季已经全面结束了。根据气象数据可知，近年来华北地区 10 月份的降雨量几乎比 9 月份减少了一半，西北地区更是久旱难霖，下雨的时间少得可怜。雷暴天气更是少见，全国只有西南地区云贵川一带和海南岛还能偶尔听到雷声，会出现阴雨天气。江淮、淮南地区也偶尔会有降雨，但雨量都不会太多。

寒露时节昼暖夜寒，往往白天晴朗，夜里却寒流来袭、秋风呼啸。强烈的冷风甚至会形成危害性天气，被叫做“寒露风”。此外，还有可能会形成大雾和烟霾等灾害性天气。

·农事养生·

寒露时节的农事活动，主要在于抢收抢种和预防“寒露风”。

晴朗干燥的秋季最适合庄稼的收成与储存，此时农民们的秋收工作接近尾声，收割基本已经完毕，主要忙于脱粒、翻晒和收粮入库。此外，棉花也已经成熟了，正所谓“寒露不摘棉，霜打莫怨天”，一旦遇到降温打霜，或者阴雨天气，地里的棉花很可能会发霉，所以遇到天晴的日子一定要抓紧时间采收棉花。华北平原的甘薯也成熟了，要及时抢收，否则在即将到来的低温天气里，甘薯会受冻“硬心”。

在抢收的同时，农民们也不会忘记及时抢种。此时正是冬小麦的播种时节，但干旱少雨的天气对播种工作影响极大。要设法造墒、抢墒，赶在寒潮来临之前及时播种，千万不可拖延到霜降之后。在长江流域，油菜也要开始播种了，最好先播种甘蓝型品种，然后再播种白菜型品种。这些耐寒蔬菜可以保证人们在即将到来的寒冬腊月，也能有充足的新鲜蔬菜食用。

“寒露风”是晚稻的“天敌”，会造成稻谷空壳、瘪粒，使水稻严重减产。所以在这个节气，一定要采取预防措施来为作物防寒保暖，减轻低温冷风的危害。农民们一般会在冷空气来临前将温度较高的河水引到稻田里，或者喷洒保温剂，以防止降温过快。

针对深秋干燥寒冷的气候特点，寒露节气的保健养生，需要着重注意减缓秋燥和预防感冒。

“金秋之时，燥气当令”，秋季严重的燥气对人体损伤极大，容易引发咽喉干燥、干咳少痰等症状。为了缓解这些症状，可以多吃滋阴润燥、润肺补胃的食物，比如芝麻、银耳、莲藕、百合、核桃、牛奶、萝卜等，还应多吃各类新鲜水果，以补充水分，早餐最好吃热粥等温食。此外，菌类有助于体内排毒，也应该多吃。人如草木，到了秋季也落叶纷纷，毛发很容易脱落，所以要注意补充营养，减少熬夜饮酒，严忌辛辣油腻的食物，这样才能保留一头浓郁的秀发。

深秋气候由凉转寒，早晚气温更是寒上加寒，要注意防寒保暖，避免感冒。随时根据天气变化增减衣物，夜间睡觉要盖好被子，“白露身不露，寒露脚不露”，脚部受凉最易导致寒气入侵，所以脚部的保暖尤其重要。

此外，寒露养生还应该注意早睡早起、适当锻炼，保持轻松愉快的心情。

·民俗文化·

在寒露节气的十五天里，一般会包含一个重要的节日——重阳节。古代认为“九”代表着“纯阳”，所以九月初九这天被叫做“重阳”。重阳节最早形成于战国时期，其起源众说纷纭，但在几千年的历史长河中，又被人们赋予了许多更为丰富内涵，比如消灾避难、健康长寿、思乡思亲等。

所以寒露节气的民间习俗大多与重阳节相关，比如登高赏秋、插茱萸、饮菊花酒等。

登高赏秋

正如人们喜欢在春天春游踏青，秋天当然也要重阳踏秋，才不负这大自然的美丽。寒露时虽然还没到“万山红遍、层林尽染”的程度，但此时山林之间树叶红黄斑斑的深秋景色也是十分迷人的。所以从古时候开始，每逢重阳节前后，人们都会呼朋唤友一起去野外郊游，在秋高气爽的天气中登上高高的山峰，观赏那美不胜收的秋景。

插茱萸

在登高秋游的过程中，人们往往还会“插茱萸”，或插戴在头上，或制作成香囊挂在腰间，总之古人认为，茱萸可以驱邪防灾。

唐代诗人王维有诗《九月九日忆山东兄弟》：

独在异乡为异客，每逢佳节倍思亲。

遥知兄弟登高处，遍插茱萸少一人。

我独自在他乡漂泊，每逢佳节就加倍思念远方的亲人。遥想兄弟们此时正在攀登高山，每个人头上都插戴了茱萸，唯独少了我一个人。

可见在唐朝时，插茱萸就是重阳登高必不可缺少的一个环节。事实上，无论在唐朝以前，还是唐朝之后，各个朝代的重阳节都流行插茱萸，这一习俗一直到今天都还久盛不衰。

赏菊花、饮菊花酒

重阳节前后正是金菊盛开的时节，我国自古就有赏菊花的习俗。尤其是在魏晋时期，正所谓“名士风流”，风雅文人们都要相聚在一起，举办一场菊花大会，相约赏菊赋诗。

除了赏菊花，重阳节还要喝菊花酒。宋代才女李清照就是爱酒之人，她曾写过一首《醉花阴·薄雾浓云愁永昼》：

薄雾浓云愁永昼，瑞脑消金兽。佳节又重阳，玉枕纱厨，半夜凉初透。

东篱把酒黄昏后，有暗香盈袖。莫道不销魂，帘卷西风，人比黄花瘦。

天空飘着薄薄的轻雾，积着厚厚的层云，这悲愁的日子过得太漫长，瑞脑在香炉里静静地燃烧。又到了一年的重阳佳节，我枕着玉枕，半躺在轻纱帐里，昨夜的凉意还未散去，透过身体，凉入人心。

我在篱笆边对酒浇愁，一直喝到黄昏时分，满身沾染了菊花的清香，还混杂着酒香。不要说着寂寞深秋不惹人哀愁，一阵西风瑟瑟而过，卷起窗前的帘子，帘内的人儿，比那院子里即将凋零的黄花还要日渐消瘦。

此外，重阳节还有吃蜜桃、吃重阳糕等习俗。

“气冷疑秋晚，声微觉夜阑”，晶莹清凉的露珠在低温的驱使下变得寒气逼人，但绝不会冷漠无情。在愈渐深重的寒意之中，人们依旧辛勤地劳作着，依旧惬意地享受着。等到寒风再起，那寒冷的露珠便会再次蜕变，以冰霜的形式重新降临人间。准备好迎接更深的秋、更冷的冬了吗？

霜降

枯草霜花白

远上寒山石径斜，白云生处有人家。

停车坐爱枫林晚，霜叶红于二月花。

——《山行》

沿着蜿蜒的石头小路登上遥远的寒凉山峦，在那白云缭绕的深山里，住着几户人家。因为实在太喜爱这美丽的枫林晚景，我不由得停下了马车。枫叶被深秋的冰霜晕染成一片火红，比那二月的春花还要艳丽。

在这之前，唐代诗人杜牧从来都认为这世上最美的是春日的百花。直到那一年，那个深秋，他乘着马车，踏上了那座山——蜿蜒的山间小路，仙气缭绕的云雾，以及漫山红遍、层林尽染的绚烂景象都在眼前渲染铺陈开来，在红得似火的枫叶上还铺着薄薄的、晶莹的冰霜，这一刻，诗人仿佛置身于一座世外仙林，震撼不已，如痴如醉。

大自然像是一位超然物外的丹青妙手，手握着画笔，因循着四季时节，将大地染成每个季节应有的颜色。秋意愈渐浓厚，林间的青翠上日渐铺上一层浅浅的黄，再往后，便是这热烈又冰凉的火红……见到这一抹红，便可知已是人间霜降时节。

霜降，是二十四节气中的第十八个节气，也是秋季的最后一个节气，在寒露之后、立冬之前，时间为每年的10月23日或24日前后。

《月令七十二候集解》上说："霜降，九月中，气肃而凝，露结为霜矣。"意思是说：霜降节气在农历的九月中旬，秋风萧肃，气温不断降低，露水凝结成冰霜。

霜降和白露、寒露一样，都是反映水汽变化的节气。霜降时节的水汽形态变成了结晶物，因为这时温度比白露、寒露更低，地面温度已经低于0℃。

随着第一场初霜的降临，大多数植物都停止了生长，草木开始枯萎凋零，动物也不再活跃，在寒冷中沉寂了下来。秋天已近尾声，冬日号角即将吹响。

·物候与气候·

为更好地反映霜降期间的气候变化，古人将霜降节气中的十五天分为以下“三候”：

一候豺乃祭兽。在霜降节气里，豺狼开始活跃于山林，勤于捕猎，它们将捕获的猎物陈列在地上，看起来就像是在祭祀一样。不冬眠的动物们为了应对即将到来的漫长寒冬，必须要提前在洞中储存足够多的食物。

二候草木黄落。从霜降节气的第六天开始，草木渐渐枯黄、凋零，形成“千树扫作一番黄”的苍凉景象。

三候蜇虫咸俯。从霜降节气的第十一天开始，蜇虫为了躲避寒冷，纷纷回到了洞中，即将进入冬眠状态。等到来年的惊蛰节气，春雷阵阵来袭，百虫才会结束冬眠，苏醒过来重回大地。

这三个典型物候，无论是动物还是植物，都一派萧条、万籁消寂，预示着冬季即将到来。顾名思义，在霜降时节其实还有一个更加显著的物候，那就是“霜始降”。

要了解霜降节气，必须要先了解“霜”是什么，以及它的形成过程。

“霜”的形成过程跟“露”是相似的，但又有区别。当气温变得足够低时，空气的相对湿度就会到达100%，空气中的水分就会从空气中“跑”出来。如果此时地面或者物体的表面温度在0℃以上，析出的水汽就会凝结为小水珠，也就是“露”；如果温度再往下降，此时地面或物体表面的温度低于 0℃时，则析出的水汽就会凝结成“霜”。由此可见，白露、寒露节气的地表气温都在 0℃以上，到了霜降节气，则会低于 0℃。

霜的形成条件除了低温，还必须是晴朗微风的夜间，故有“浓霜猛太阳”的说法。因为如果夜里云层过多，则不利于地面散热，难以大幅度降温。在晴朗的夜晚，因为失去了云层的保护，地表迅速辐射冷却，骤然降温至 0℃以下，水汽迅速凝结成冰霜，附着在地表。

在深秋时节的清晨，人们安睡一夜，推开房门，呼吸着外面冰凉清爽的空气，惊奇地发现这大地已经变了一副模样——草木丛、树枝头、溪水边、泥土地、屋檐上，都铺着一层薄薄的银霜，若隐若现地闪烁着，皎洁晶莹，干净明亮。

气象学上将秋季的第一次降霜称为“早霜”或“初霜”，并将春季出现的最后一次降霜称为“晚霜”或“终霜”。从“终霜”到“初霜”这段时间被叫做“无霜期”。由于初霜的降临一般在菊花盛开之际，所以初霜又被称为“菊花霜”。

不过，我国地域辽阔，各地初霜的时间不尽相同，“霜降始霜”的说法主要针对的是黄河流域。在青藏高原等寒冷地区，夏季都结有冰霜；除少数全年有霜的地区外，大兴安岭北部的初霜最早，时间大约在 8 月底；在东北大部、内蒙古和新疆北部，9 月份就会出现初霜；再往南，沈阳、承德、榆林、昌都至拉萨一线，初霜时间在 10 月初；10 月份中下旬，正值霜降时节，黄河流域开始陆续出现初霜；在更往南的四川盆地，要到冬天才会降霜，全年只有 10 来天能看到冰霜；在岭南、海南等温暖的最南地区，则是全年无霜。

·农事养生·

在霜降时节，北方的秋收、秋种工作都已经基本结束，农民们进入了难得的农闲时光。农田里的越冬作物也都几乎停止了生长，只需做好相关的田间管理工作。

但在广大的南方农村，霜降时节初霜未至，气候上来说，还余温尚存，农业上正处于“三秋”大忙的时候。晚稻采收、棉花采摘都要趁早；接着冬小麦、早茬油菜也要尽快播种；收成之后，还需要及时拔除田间根茎、耕翻整地，正如农谚所说：“满地秸秆拔个尽，来年少生虫和病”。

民谚有“霜降杀百草”的说法，指出了冰霜对于农业的危害之大。其实，真正“杀百草”的并不是霜，而是降温过程中伴随而来的低温——上面讲过，霜的形成条件是气温在 0℃以下，在如此低温的情况下，植物内部所含的水分会结冰，严重脱水而引发组织坏死，从而使植物枯萎。

所以在霜降节气，农事上必须要重视“防霜冻”，减少气温骤降对作物造成的危害。经验丰富的农民们总结出了许多防御霜冻的有效措施：比如通过燃烧化学剂或杂草来制造烟幕，提高地表温度；或者采用灌水、喷雾、覆盖、加热等紧急措施来增加田间湿度，防止温度骤降；还可以调整作物的播种时间或收成时间来避开寒冷的霜冻期。

在霜降时节，大多数植物都受冻枯死，停止生长，不过，也有少数耐寒的花儿偷偷地凌霜绽放，比如秋菊和芙蓉，为深秋时节更添了几分生动。苏轼诗作《和陈述古拒霜花》有云：

千株扫作一番黄，只有芙蓉独自芳。
唤作拒霜知未称，细思却是最宜霜。

深秋时节，万千草木全都一片枯黄，只有芙蓉花独自盛开，芳香怡人。为什么芙蓉花被称作“拒霜花”呢？细细想来，是因为这个名字最适合它凌霜而开的特质。

在养生保健方面，霜降节气除了要继续防“秋燥”，注意防寒保暖、预防各种季节性疾病，还可以大力进补。

正所谓“补冬不如补霜降”“一年到头补，不如霜降补”，可见霜降是人体吸收营养的最佳时节。可以多吃梨、苹果、白果、洋葱、荠菜、白薯、山药、藕、蜂蜜、大枣、核桃等润肺养胃、营养丰富的食物，要注意少吃生冷、刺激性的食物。

·民俗文化·

祭旗神

在古代，霜降不仅仅是一个民间节日，官方也十分重视。根据记载，早在明朝甚至更早之前，就有霜降“祭旗神”的活动，还要举行盛大的阅兵仪式。“祭旗”本是古代一种迷信的做法，军队的首领在出征之前，都要以活物祭祀神灵，以求得出战的胜利。在清朝，也有霜降阅兵的活动。

那为什么古时候要在霜降这天祭旗呢？这是因为，古代的战争一般都在秋天丰收之后发动，此时粮食储备充足，农业上也空闲了下来，士兵们吃饱喝足了便有精力、有时间开疆拓土。于是在金秋萧飒的霜降时节，往往都要“沙场秋点兵”，做好战前准备，才能做到进可攻、退可守。

赏红叶

在这“霜叶红于二月花”的深秋时节，林间树叶都被染得一片火红，尤其是在北方地区，各色的草木披露挂霜，别有一番情致。北京的香山、南京的栖霞山、四川的九寨沟、湖南的岳麓山……天南地北的红叶都渐渐红透了，如云似锦，美不胜收。

毛主席就曾在这样的寒秋时节登上山峰，睥睨世间万物，吟诵了一首多彩而激昂的《沁园春·长沙》：

独立寒秋，湘江北去，橘子洲头。看万山红遍，层林尽染；漫江碧透，百舸争流。鹰击长空，鱼翔浅底，万类霜天竞自由。怅寥廓，问苍茫大地，谁主沉浮？

携来百侣曾游，忆往昔峥嵘岁月稠。恰同学少年，风华正茂；书生意气，挥斥方遒。指点江山，激扬文字，粪土当年万户侯。曾记否，到中流击水，浪遏飞舟？

独自伫立在寒秋时节的橘子洲头，目送湘江向北奔流。看群山峰林都被染上层层红色，江水碧绿清透，许多船只竞相飞驰。雄鹰飞翔在广阔的天空，鱼儿游荡在清澈的水底，万物都在秋光里自由翱翔。不由得心生感慨，敢问这苍茫大地，将由谁来主宰？

我曾和许多朋友一起结伴同游此处，不由得回忆起当年的峥嵘岁月。那时大家都是风华正茂的有志少年，意气风发、踌躇满志，对国家大事激浊扬清，将军阀官僚视如粪土。可还记得，我们曾在江心水最深最急的地方游泳，扬起的浪花可以阻止飞驰的大船。

那个时代热血青年的万丈豪情、慷慨激昂，都浓缩在毛主席的这首词里了。

饮食风俗

在霜降前后，正是柿子成熟的时节。在很多地方，霜降节气都有吃柿子的习俗，有“霜降到，吃柿子”“霜降吃柿子，不会流鼻涕”的说法。柿子皮薄肉鲜、营养丰富，还有助于在寒冷的深秋御寒保暖、润肺生津，又非常美味，是霜降节气最受欢迎的节令水果。有些地方还会在霜降吃柿子时，连同苹果一起吃，讨“事事平安”的吉利彩头。

在闽南地区，霜降节气家家户户都要吃鸭子。这是因为鸭子富含营养，非常适合在霜降时进补。将鸭子熬制成鸭汤，则更能彻底释放鸭子本身的营养。用酸萝卜熬制的老鸭汤酸辣可口，十分开胃，追求原汁原味的人则会什么都不加，只放几片姜片，这样熬出来的鸭汤口感清爽不油腻，老人小孩都喜欢。

“无边落木萧萧下，不尽长江滚滚流”，秋到最深之时，是极致的寒凉，更是极致的诗意；是极致的肃杀，更是极致的绚烂。满怀着丰收的喜悦，人们以最充实、饱满的姿态，拉开了漫长冬日的序幕。

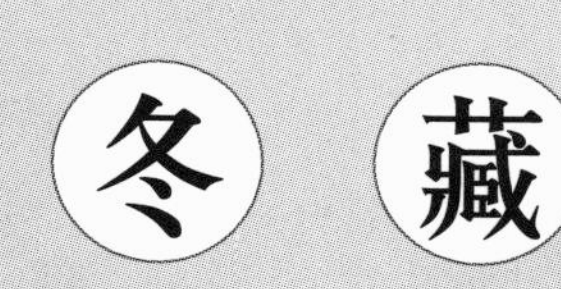
冬 藏

立冬

今宵寒较昨宵多

冻笔新诗懒写，寒炉美酒时温。

醉看墨花月白，恍疑雪满前村。

——《立冬》

案台上的笔墨被冰冻住了，于是便懒得提笔再写新诗。在这寒冷的夜里，不如将火炉烧旺，再温一壶美酒独自畅饮。半醉之间仿佛看见那砚台上的墨渍花纹在月色下白光闪烁，恍惚之间竟觉得像极了前村那纷纷扬扬、飘飘洒洒的大雪。

立冬之日年年皆有，但一千多年前这个普通的立冬之夜，却蕴含了无限的诗情画意，它在诗仙李白的墨笔之下，散发着飘然的仙气和肆意的潇洒。寒冬夜幕下，诗人与炉火琼浆为伴，说是懒写新诗，却在半醉之间将一首活色生香的小诗挥毫写就。

立冬，是二十四节气中的第十九个节气，也是冬季的第一个节气，在霜降之后、小雪之前，时间为每年的 11 月 7 日或 8 日，代表着冬天的开始。

《月令七十二候集解》有载："立冬，十月节。立字解见前。冬，终也，万物收藏也。"意思是立冬是农历十月份的节气，"立"是建立、开始的意思，和立春、立夏、立秋一样；"冬"字最初的意思是终了、结束，冬季农作物都收割完毕，收藏在仓库里。

庄稼成熟收仓、草木凋零枯萎、动物沉睡冬眠、河水冰封、雪花飘飞……立冬节气之后，漫长的寒冬即将到来，天地万物都以沉寂的状态进入休养生息，在轮回中等待下一次的春回大地。

·物候与气候·

为更好地反映立冬期间的气候变化，古人将立冬节气中的十五天分为以下“三候”：

一候水始冰。立冬之后，气温下降到0℃以下，河流中的水开始结冰了。

二候地始冻。随着气温的持续降低，再过五天，大地中的水分也开始被冻结了。

三候雉入大水为蜃。雉，指的是野鸡一类的大鸟；蜃，是海边的大蛤。从立冬时节的第十一天开始，害怕低温的雉鸟都躲藏起来避寒，而海水褪去之后，人们发现海滩上出现很多大蛤。大蛤和野鸡的颜色线条相似，所以被总结为“雉入大水为蜃”，这和寒露时节的物候“雀入大水为蛤”意味相近。

这三个典型的物候都反映出立冬时节的气温比霜降时更低了，此时秋日已尽，大地俨然一幅天寒地冻的冬日景象。

气候学上认为，当下半年的平均气温低于10℃时，就是冬季。根据这样的标准，“立冬为冬日始”的说法主要针对的是黄淮地区，立冬“水始冰”“地始冻”“雉入大水为蜃”也主要是黄淮地区的物候特征。在立冬时，黄淮地区都已经正式进入了冬天。其他地区入冬的时间先后不同，比如在我国最北的漠河以及大兴安岭以北地区，早在9月上旬的白露时节就已经提前入冬了，此时冬意已经十分浓重；而在广大的长江流域，此时气候凉爽，正值深秋，冬季一般要从11月下旬，也就是在立冬之后的20天左右，小雪节气时才会开始。

在立冬时节，由于强势冷空气的来袭，以及北半球日照强度的减弱、日照时间的渐短，我国各地都会迎来大幅度的降温，气候上由秋天逐渐向冬天转变。不过，在降温的同时，也会伴随着短暂的温暖，也就是“小阳春”。

小阳春的出现是因为地表在夏天和秋天所储存的大量热量此时还没有完全散发出来，随着气温的骤降，底层的热量就会散发到大气中，使气温有暂时的回升，形成了温暖宜人的小阳春天气。所以民谚说：“八月暖，九月温，十月还有小阳春。”不过，等到短暂的小阳春过后，地表温度几乎散发完毕，这时便迎来了真正寒冷的冬日，大地将再也不复温暖。

除了降温，立冬节气往往还伴随着剧烈的大风。西北风席卷大地，将树上的残叶、地上的枯草都一扫而空，也将本就不多的水汽全都带走，使空气愈发干燥。在北方一些地区，还常常会出现雨雪飘飞的寒潮天气。

·农事养生·

在立冬时节，东北大地已经“水始冰”“地始冻”，田地间的土壤都冻结了，农作物都进入了越冬期，停止了生长，而秋收工作早就已经结束，在来年气候暖和之前，都是农闲期。江淮地区的秋收工作也进入了尾声。

在江南一带，晚茬冬麦正在抢时播种，油菜也到了移栽的时候。华南地区则是如农谚所言：“立冬种麦正当时”，晚茬冬麦也开始了播种。

在一些干燥少雨的地区，越冬作物严重缺水，要注意及时灌溉，防止旱情。灌溉应在夜晚进行，这是因为在夜晚田间的水容易结冰，而在白天冰块会融化。所以民谚有言：“夜冻昼消，冬浇正好”。灌溉除了能为越冬作物补充水分，还可以防止霜冻。而在南方一些多雨的地区，则要注意做好清沟排水工作，预防冬季涝渍和冰冻危害农作物。

此外，在立冬之后，温室大棚的搭建工作也开始了，要做好大棚蔬菜的日常管理。至于果树，不仅要抓紧整枝修剪，还要包捆保温，预防冻害。

冬季也要注意畜牧业的防疫和防寒保暖。要为家禽家畜及时补打防疫针，做好驱虫工作。尤其像耕牛这样的牲畜，更要让它们吃足草料，温暖地、饱饱地过冬。只有休养好了，来年春天才能更好地进行春耕工作。

立冬时节寒冬降至，人体的养生重点也在于防寒保暖。

“冬天进补，开春打虎”，在饮食上，立冬节气可以适当进补，摄入高能量的食物，如牛肉、羊肉、鸭肉、鱼肉等各种肉类，鸡蛋、海参、牛奶、豆制品等，以及谷物这类富含碳水化合物的食物，还要多吃新鲜蔬菜补充维生素，为人体提供抗寒所需的能量，提高御寒能力。不过要注意不能过度进补，还要避免吃生冷、辛辣的食物。

除了饮食，防寒保暖还需要调整生活中的方方面面。在作息上，应早睡晚起，最好在日出之后再起床，充足的睡眠有利于养精蓄锐，为人体输入能量，睡前热水泡脚可以温暖全身，还能改善睡眠质量；平时要根据温度的高低变化适当增减衣物，不可穿衣过少或过多，以免引起感冒等各种疾病；另外，一定的运动量也是必要的，万不可长时间宅在室内。锻炼身体有助于抵抗寒冷，还可促进人体新陈代谢，既健康又暖和。

·民俗文化·

迎冬

古人认为，二十四节气中最重要的就是立春、立夏、立秋、立冬四个节气，除了节气属性，它们还划分了春夏秋冬四季，有着极其重要的节日属性。人们神圣而庄严地对待四季，所以有了“迎春”“迎夏”“迎秋”和“迎冬”的典礼。

根据《吕氏春秋·孟冬》记载，早在周代时就有立冬之日“迎冬”的官方活动。一般在立冬前的三天，天子就会开始斋戒，到了立冬这天，要沐浴更衣，然后率领群臣前往北郊祭祀神灵、迎接冬天。在“迎冬”的祭祀典礼上，天子还要赏赐大臣们过冬的衣物，颁布矜恤孤寡的政令。

在民间，立冬日也有许多丰富的民俗活动，比如祭拜祖先、祭拜地神、聚会饮宴和占卜吉凶等。

寒衣节

“十月初一烧寒衣”，寒衣节在每年的农历十月初一,一般都在立冬节气内。寒衣节又被称为“冥阴节”，是我国古代三大鬼节之一，是祭奠亡故亲人的节日。每年入冬的时候，大地日渐寒冷，人们都纷纷穿上了棉衣，同时也不由得想起了死去的亲人，想必他们在阴间也会冷吧？不知道有没有暖和的衣服穿呢？怀着思念与关心，人们来到死去亲人的坟头，为他们焚烧几件抗寒的衣物，这便是“烧寒衣”。

千百年来，寒衣节都是凭吊过世亲人的重要节日，人们以这种独特的方式抒发着对先亡之人的想念。

饮食风俗

在寒冬降临之际，当然要采取一切办法来抵御寒冷，留住身体的能量，所以“立冬补冬”的习俗才会延续千年，各种丰富的立冬饮食习俗便是这样形成的。

在北方地区，立冬这天有吃饺子的习俗。北方人对饺子的热爱不言而喻，几乎在每个重要的节日，餐桌上都少不了饺子的身影。在北京、天津等地，立冬流行吃倭瓜馅的饺子。

在南方地区，立冬要吃鸡鸭鱼肉这些大补的肉类，以及各种营养品，比如在台湾等地，立冬这天最流行吃“羊肉炉”“姜母鸭”等菜品。

在潮汕等地，立冬有吃甘蔗、炒香饭的习俗。民谚说“立冬食蔗不会齿痛”，意思是立冬时节吃了甘蔗，牙齿就不会痛，这是因为甘蔗营养丰富、清火败脾，常常咀嚼甘蔗还能锻炼口腔肌肉和牙齿韧性。而香饭是由莲子、蘑菇、板栗、虾仁、红萝卜等做成的，既营养又美味，深受潮汕人民的欢迎。

此外，在寒冷的冬天，北方人喜欢吃涮羊肉，川渝等地还喜欢吃麻辣火锅。一群人围着一锅热汤，一筷子肉菜下肚，似乎整个冬天都暖和了起来。

贺冬、拜师

贺冬又被叫做“拜冬”，最早起源于汉朝，指的是在立冬之日，人们要去拜访君师耆老，也就是工作上的领导或学习上的老师。到了宋代，这一习俗更加盛行了，人们不仅拜访师长，还要向过年过节一样走访亲戚和朋友。在尊师重道的中国古代社会，这一习俗的意义不言而喻。

到了民国时期，立冬时节许多村庄都会举行拜师活动，学生和家长会带着水果点心去看望老师，而老师们也都会在家设宴招待学生。拜师礼结束之后，勤快的学生还会帮老师做家务活，陪老师聊聊天说说话。

冬泳

为了迎接冬天的到来，也为了展现出不惧寒冷的体魄和精神，立冬之日很多人都会参加冬泳的活动。区别于许多古老的习俗，这一习俗很年轻，充溢着满满的激情与活力，有益于冬季强身健体。

冬季还是团聚的季节，此时外出的游子们纷纷回到家乡，与家人团聚，所以对于不能回家的人来说，自然是感伤良多。谁说只有悲秋，没有悲冬呢？

四百多年前的一个立冬之日，明代诗人王稚登远游在外，不由得心中暗生淡淡的悲伤之情，于是写下了这首《立冬》：

秋风吹尽旧庭柯，黄叶丹枫客里过。

一点禅灯半轮月，今宵寒较昨宵多。

萧瑟的秋风将庭院的树木吹得落叶纷飞，霜叶渐红的时节，独自在他乡度过。陪伴我的只有禅房一盏将熄未熄的油灯，一轮天上若隐若现的弯月，今晚的寒意比昨晚又重了。

寒冬将至，世间很快便会被冰雪尘封——那是另一番美丽的景致。

小雪

瑞雪兆丰年

天津桥下冰初结，洛阳陌上人行绝。
榆柳萧疏楼阁闲，月明直见嵩山雪。
——《洛桥晚望》

初冬的夜晚，天津桥下的寒冰刚刚冻结不久，洛阳城的大道上几乎不见行人的踪迹。榆柳叶落枝枯，掩映着静谧的楼阁，在明静的月光下，一眼便可看到嵩山上的皑皑白雪。

这是唐代诗人孟郊写的一首诗，为我们描绘出了一幅小雪时节“明月照积雪”的壮丽景象，勾勒出清新淡远的境界，这也正是小雪节气的魅力所在。

小雪，冬季的第二个节气，也是二十四节气当中的第二十个节气，在立冬之后、大雪之前，时间为每年的11月22日或23日。小雪时节的到来，意味着冬季的真正开始。

《月令七十二候集解》上说：“小雪，十月中，雨下而为寒气所薄，故凝而为雪。小者未盛之辞。”意思是说，小雪时节，在农历十月中旬，下雨时因空气异常寒冷，所以雨水比较薄，凝结成了雪。其中，“小”的意思是指还没有达到极盛。

古籍《群芳谱》中说：“小雪气寒而将雪矣，地寒未甚而雪未大也。”翻译过来就是：小雪时节因气候寒冷而降雪，地表寒冷程度远没有达到很冷，所以雪下得也不大。

·物候与气候·

我国古代将小雪节气分为这样三候：

一候虹藏不见。由于气温降低，北方以下雪为多，不再下雨了，雨后彩虹也就看不见了。

二候天气上升，地气下降。指天空阳气上升，地中阴气下降，导致阴阳不交，天地不通。

三候闭塞而成冬。正因为阴阳不交，天地不通，所以树木凋零，万物都失去了生机，于是就成了冬天的模样了。

唐代诗人李咸用在《小雪》一诗中写道：

散漫阴风里，天涯不可收。
压松犹未得，扑石暂能留。
阁静萦吟思，途长拂旅愁。
崆峒山北面，早想玉成丘。

小雪花在寒冷的阴风中漫天飘散，人间到处都是，一发不可收拾。想要压倒青松却不能，只有落在石块上才能暂时保留下来。坐在静静的阁楼上，脑海中有诗意涌现，只是却为那些长途旅行的人增添了烦恼。遥看那崆峒山的北面，早已积满了如玉一般的雪了。

这便是冬天的模样，原本枝繁叶茂的树木，到了这一时节，全都银装素裹。

我们大家都知道，夏天一般刮东南风，它来自浩瀚的太平洋，所以温暖湿润；冬天一般都会刮西北风，它来自酷寒的蒙古和西伯利亚，所以寒冷干燥。进入小雪节气后，我国广大地区都将迎接西北风的到来，它是冬季的常客。西北风一刮，冷空气就来了，气温便会下降，逐渐降到0℃以下。此时的大地并不算过于寒冷，虽然开始降雪，但雪量并不大，所以是小雪。

由于中国南北跨度很大，小雪时节的时候，冬天并没有完全跨过长江流域，此时的江南地区，可能还是一副深秋的模样，也可能随时面临着降温；而华南就更不用说了，可能还处在秋高气爽的金秋时节。

但无论如何，小雪节气，在我国北边的西伯利亚地区常有大规模的冷空气南下，它只要一南下，我国东部地区就会出现大范围的大风降温天气。小雪节气本身就是寒潮和强冷空气活动较为频繁的节气。受强冷空气影响时，我国北方地区常伴有入冬的第一次降雪。

唐代诗人戴叔伦在《小雪》中就说：

花雪随风不厌看，更多还肯失林峦。
愁人正在书窗下，一片飞来一片寒。

空中的雪花随着寒风飞舞，姿态娇柔轻盈，让人百看不厌，更多的雪花飘落在树枝和山峦上，让它们失去了原本的色彩。可是像我这样愁苦的人此时正孤独地坐在书窗下，望着窗外一片一片飞来的雪花，于我而言，那是一片一片飞来的寒冷啊！

小雪时节，更多的说是北方，南方此时并不一定会下雪，而西南的昆明更是四季如春，整个冬天都不会下雪。

的确，昆明被称为“春城”，正是因为它四季如春，也就是说，昆明的冬天一点都不冷，甚至像春天那样温暖，这是为什么呢？

很简单，因为无比强大的西伯利亚冷空气一路南下，走了几千公里，到了昆明所在的云贵高原时，气势已经减弱很多了，再加上云贵高原的海拔一般都在 2000 米以上，所以冷空气根本就爬不上去。爬到一半左右的时候，爬不动了，就形成了降水，全下在贵阳，因此，贵阳才有了“天无三日晴”的说法，阳光显得比较珍贵，所以它称为“贵阳”。

小雪时节比入冬阶段气温要低，到了这时节，意味着我国华北地区会普遍降雪。冷空气使我国北方大部地区气温逐步达到 0℃以下。

黄河中下游平均初雪期基本与小雪节令一致。虽然开始下雪，但一般雪量较小，并且夜冻昼化。如果冷空气势力较强，也有可能下大雪。

南方地区北部开始进入冬季。苏轼诗说“荷尽已无擎雨盖，菊残犹有傲霜枝”，已然呈现出一派初冬的景象，而华南依旧是秋天的样子。

·农事养生·

农谚说："小雪雪满天，来年必丰年。"小雪时节若是下起了满天的雪花，那么来年必定丰收，这到底有没有科学根据呢？

根据气象专家分析，小雪下雪，来年丰收，主要有三个依据：一、小雪时节下雪，符合气象规律，来年的雨水也会均匀，也就没有大旱大涝了；二、初冬时节下雪，可以冻死一些病菌和害虫，来年农作物就可以少遇病虫害的发生；三、积雪本身具有保温作用，有利于土壤中有机物的分解，增强土壤肥力。因此俗话说"瑞雪兆丰年"，是有一定科学依据的。

此时，庄稼地里没有农活可干，但老百姓过冬的准备工作却已经开始了。

小雪时节，正是我国北方地区贮藏蔬菜的最佳时间，尤其在我国的东北地区，家家户户都会腌制辣白菜。而果农们也开始为果树修枝，用草将株杆包起来，以防果树冬天受冻。

小雪时节，也是渔农们做好鱼塘越冬准备工作的时候，应该提前准备好鱼儿越冬的饲料，只有这样，鱼儿的存活量才会高。

说到养生，在小雪时节，北方人一般都要吃涮羊肉。因为小雪节气来临后，常会出现大雾天气，天气阴冷晦暗，光照较少，这时容易引发或加重抑郁症，吃涮羊肉，一来暖胃，二来益肾。

·民俗文化·

小雪时节，我国北方和南方表现出了明显的习俗差异。

上面说到，在我国北方，小雪时节，一般的人家都要吃涮羊肉。而在我国南方某些地区，还有农历十月吃糍粑的习俗。糍粑是用糯米蒸熟捣烂后制成的一种食品，在我国南方一些地区非常流行。

古时，糍粑是南方地区传统的节日祭品，最早是农民用来祭祀牛神的供品。有俗语“十月朝，糍粑禄禄烧”，就是指的祭祀事件。

除了吃涮羊肉、糍粑外，小雪时节还有腌腊肉、晒鱼干、吃刨汤等习俗。

民间有“冬腊风腌，蓄以御冬”的习俗。小雪后气温急剧下降，天气变得干燥，正是加工腊肉的好时候。小雪节气后，一些农家开始动手做香肠、腊肉，把多余的肉类用传统方法储备起来，等到春节时正好享用。

小雪时节，我国台湾中南部地区海边的渔民们会开始晒鱼干、储存干粮。台湾俗谚“十月豆，肥到不见头”，是指在嘉义县布袋一带，到了农历十月可以捕到“豆仔鱼”。

小雪前后，土家族民众又开始了一年一度的“杀年猪，迎新年”的民俗活动，给寒冷的冬天增添了热烈的气氛。吃“刨汤”，是土家族的风俗习惯；在“杀年猪，迎新年”的民俗活动中，用热气尚存的上等新鲜猪肉，精心烹饪而成的美食称为“刨汤”。

小雪时节的雪花晶莹剔透，她们用洁白的身躯，洗净了世间的污垢。况且天地间还不是太寒冷，完全可以外出赏雪，看“日暮苍山远，天寒白屋贫”，看“千里黄云白日曛，北风吹雁雪纷纷”，看“燕山雪花大如席，片片吹落轩辕台”……

大雪

坐看青竹变琼枝

千山鸟飞绝，万径人踪灭。
孤舟蓑笠翁，独钓寒江雪。
——《江雪》

千座山峰的鸟都绝迹了，万条小路都不见人的踪影。只有那一叶孤舟漂在江面上，披着蓑衣、戴着斗笠的渔翁在大雪纷飞的寒江中独自垂钓。

柳宗元这寥寥四句短诗，便胜过了世间最优秀的丹青妙手，为我们描绘出了一幅绝美的深冬画卷。画卷之中没有飞鸟，没有人影，只有一片凄清寂寞的寒意，却丝毫不缺生机，更不失美感，反而更显浪漫和诗意。

当飘飘洒洒的小雪变成纷纷扬扬的漫天大雪，天地间从此换上一番银装素裹的景象，大雪节气就此来到。

大雪，是二十四节气中的第二十一个节气，也是冬季的第三个节气，在小雪之后、冬至之前，时间为每年的12月7日或8日。

《月令七十二候集解》中是这样说的："大雪，十一月节，至此而雪盛也。"意思是大雪是农历十一月的节气，这时候雪下得最大、最盛。和小雪、雨水、谷雨等节气一样，大雪也是直接反映降水的一个节气。

如果说小雪节气是"云暗初成霰点微，旋闻蔌蔌洒窗扉"，那么大雪节气便是"千里冰封，万里雪飘"。的确，跟小雪相比，大雪节气的雪由小变大，气温更低、冷风也更凛冽了。此后严寒冬日的氛围将愈加浓厚。

·物候与气候·

为更好地反映大雪期间的气候变化，古人将大雪节气中的十五天分为以下“三候”：

一候鹖鴠不鸣。鹖鴠是一种在夜晚鸣叫的鸟类，又称“寒号鸟”，大雪时节由于气温太低，此时寒号鸟都不再活跃鸣叫了。

二候虎始交。再过五天，老虎也开始求偶交配了。

三候荔挺出。荔是一种兰草，在大雪期间会渐渐长出新芽。

这里第一个物候说的是大雪节气低温的特点，后面两个典型物候则反映的是阳气的变化。大雪之后紧跟着的就是“阳气新生”的冬至节气，所以大雪节气阴气几乎是最旺盛的时候，与此同时阳气萌动，随时蓄势待发，所以老虎才会感知到阳气而出现求偶行为，“荔”才会抽出新芽。

从气候上来说，在大雪节气，猛烈的冷空气频频南下，导致大部分地区都气温骤降，黄河流域和华北地区的气温都保持在0℃以下，东北、西北地区早已低至 -10℃以下，江淮以南地区虽然还稳定在0℃以上，但也大都进入了隆冬时节，只有华南、云南等地全年无冬，依旧还比较温暖。

值得一提的是，大雪虽然比小雪时雪量增多，但这并不意味着降水量的增多，甚至这一节气许多地区的降水量会有所减少。

在大雪节气，往往还伴随着以下几种特殊的典型气象：

一是降雪。不必说，大雪节气最明显的气候特征一定是降雪，而且往往会出现暴雪天气。尤其在北方地区，更是如李白诗中所写的“燕山雪花大如席，片片吹落轩辕台”。南方地区则较少见到大雪，只能看到小雪。

积雪利害皆有。一方面，可能会造成封山、封路等交通问题，草原上若积雪过多还会引发可怕的“白灾”；但另一方面，却也有利于农事，因为冰雪既可以隔绝冷空气使作物免受冻害，冻杀各种病菌和害虫，消融之后还能缓解冬旱。所以雪越大，农家就越喜悦，有农谚说“瑞雪兆丰年”，以及“今年麦盖三层被，来年枕着馒头睡”。

二是冻雨。下降的雨滴在空气温度略低于0℃时，虽然不会直接变成冰，但落到温度为0℃以下的物体上时，会立刻冻结成外表光滑透明的冰层，又叫做“雨凇”。冻雨是一种灾害性天气，严重时可能会压断树木、电线杆，使通讯、供电中止，还会妨碍公路和铁路交通。

三是雾凇。在空气温度过低时，空气中的水汽会直接凝华，附在物体上形成一层乳白色的冰晶，这就是雾凇。雾凇的危害和冻雨相似，但却是深冬时节非常美丽且独特的景致，东北地区时常能见到，远远望去宛如冰雕玉砌、琼树银花，美不胜收。

除此之外，大雪节气还常常出现雾霾、凌汛等现象。这些气象灾害的形成，都跟冬季气候太过寒冷有关。

·农事养生·

在冰天雪地的大雪节气，许多作物都被积雪覆盖着，几乎停止了生长发育。它们都静静地等待着寒冬过去、暖春到来。对于农民来说，这是一个农闲的节气，多数人都闲在家里，围着火炉进入休养状态。

不过，在华南、西南等地区，此时小麦正进入分蘖期，要注意适当施好分蘖肥，还要做好田间的清沟排水工作，使冬作物能够安然过冬。在江淮、淮南地区，小麦、油菜等作物还在缓慢生长，也要注意追加肥料，为越冬作物补充足够的能量。此外还要及时防治病虫害，并做好作物的防寒保暖事宜。

冬季北方地区滴水成冰，地里的蔬菜无法生长，收获或购买的各种节令蔬菜也难以正常存放，需要储存在地窖之中，以满足日常食用。要注意的是，地窖不可封闭得太死，应该随时保持通风，否则地窖内温度升高、湿度增大，易导致“烂窖”的发生。

此外，还要保证各种家禽家畜能够安然过冬，要适当加固圈舍、防治害虫疫病，并注意做好防寒保温等措施。

大雪节气气候严寒，养生保健的重点主要在于防寒保暖，而防寒保暖需要“内外结合”。

对“内”来说，可以进行食补，多吃一些热量较高的食物，比如牛羊肉等各种肉类、海带、紫菜等各种含碘的食物，还可以适当摄入一些辣椒、生姜等辛辣的食物，以及新鲜水果、蔬菜等富含维生素的食物，为人体补充足够的营养，提升身体的御寒能力。此外，保持充足的睡眠、进行适当的身体锻炼也可以帮助人体增强免疫力，有效抵御寒冷。

对“外”来说，降温时要及时添加暖和的衣物，外出时戴好围巾、帽子、手套、口罩等配饰，头部、胸部和脚部这些部位尤其需要做好保暖，睡前可泡脚，并按摩脚部穴位。

此外，不可因为“贪暖”而长时间待在室内，要注意房间内的通风情况，以防病毒入体。外出赏雪时，还要注意不能长期视雪，因为白雪对于紫外线的反射率极高，长期看雪容易导致眼角膜受伤，引发“雪盲症”，所以在观赏雪景时，最好戴上墨镜保护眼睛。

·民俗文化·

腌肉

“小雪腌菜，大雪腌肉”，在南京等地，有大雪腌肉的习俗。因为大雪节气气候干燥，且无比寒冷，这时候腌制的肉能够长久保存，不容易腐坏。每年大雪纷纷的时节，农事暂时闲下来，人们就开始腌制腊肉了，街头巷尾、村野农家都飘着腊肉的香气。

四川、重庆等地对腊肉、香肠的喜爱更是深沉，每年冬天一到，家家户户的“正经事儿”就是腌腊肉、灌香肠。腊肉的原料一般是新鲜的带皮五花肉，将肉块用盐、黑胡椒、丁香、香叶、茴香等香料腌渍入味，再经过一段时间的柴火熏制或风干。腌制完成后，将腊肉挂在门前或窗台自然风干，想吃的时候随时都能取下来烹饪，耐放又美味。香肠也是很多地方年前必备的节令食物，其制作方法是将肉类搅碎，加入各种调料腌制，再将肉馅灌入肠衣，像腊肉一样熏制风干。一般分为川味香肠和广味香肠，前者是独具四川风味的麻辣口味，后者则是广东人最喜爱的甜味。

磨豆腐

磨豆腐是苏州等地大雪节气的重要传统习俗。豆腐制作方法简单，烹饪方式多种多样，无论是煎炒、油炸还是凉拌，都十分美味，而且营养丰富，有生津润燥、清热解毒的功效，很适合在干燥的冬天食用。

豆腐历史悠久，大约在汉代就被发明出来了。过去没有高科技产品，人们只需简单的工具和勤劳的双手就可以将坚硬的豆子变成水嫩的豆腐。每逢大雪节气，人们便开始磨制手工豆腐，来丰富冬季的饮食。

如今手工豆腐已经不再常见，磨豆腐的传统手艺正逐渐被现代机械所取代，大雪磨豆腐的旧习俗也几乎被遗忘。但美味的豆腐却一直长留在人们的餐桌之上，陪伴我们度过严寒的冬季。

赏雪景

每一个节气都有着只属于当下的最独特的美丽，大雪节气的最美之处当然在于漫天飘舞的大雪。在这个银装素裹、冰天雪地的寒冬时节，人们纷纷冒着严寒走出房门，只为看一眼那白茫茫的新世界。

北方的雪是壮丽的，天地全然被冰雪覆盖，纯净明亮，又动感十足。正如毛主席在《沁园春·雪》中写到的：“北国风光，千里冰封，万里雪飘。望长城内外，惟余莽莽；大河上下，顿失滔滔。山舞银蛇，原驰蜡象，欲与天公试比高。”冬季的北方到处都是赏雪胜地，长白山、吉林雾凇岛、黑龙江雪乡……哪里都是人头攒动，竞赏冰雪风光。

相比北方的山河壮阔、气势磅礴，南方一向都是温柔多情的代名词。就连雪也下得格外轻盈，仿若天宫而来的仙子，轻歌曼舞降临人间，裙袂飘飞之处，像是能抚平一切躁动与不安，只留下静谧与唯美。南方的雪柔美飘逸，晋代著名才女谢道韫一句“未若柳絮因风起”道尽了它的特征。南方的赏雪胜地不多，九寨沟大概是最美的冰雪天地，纯净中蕴含着几分奇幻，美得像是世外仙境。不过在一些更往南的地区，冬天很难见到大雪，人们能偶尔见到飘洒的小雪，就会觉得十分稀奇了。

雪是水的另一种形态，却比水更加纯净，它仿若冬日里最美的仙灵，轻盈缥缈，如梦如幻，却在悄然之间遮盖世间的污浊，掩饰万物的枯萎；它仿佛自带一种神奇的魔力，能够净化所有杂质，抚慰所有伤痛，所以在《红楼梦》的结尾之处，是“白茫茫一片真干净”。也正因为有这漫天的飞雪，漫长沉寂的冬日才不再单调，而是充满了热闹、诗意、浪漫、欢乐……

冬至

几番寒起一阳来

天时人事日相催，冬至阳生春又来。
刺绣五纹添弱线，吹葭六琯动浮灰。
岸容待腊将舒柳，山意冲寒欲放梅。
云物不殊乡国异，教儿且覆掌中杯。
——《小至》

天地时节和人事变迁都极快，转眼间冬至到了，阳气渐生，春天又快要到来。此后白昼变长，刺绣的宫女能多绣几根五彩的丝线，吹奏管乐，律管内便葭灰飘飞。岸边柳枝舒展，正等待着腊月过去，山中梅花盛放，像是要冲破这刺骨的寒气。虽然身处异乡，但此情此物和家乡没什么不同，且让小儿将酒杯斟满，使我能痛饮一番。

在很多时候，杜甫的形象都是忧国忧民的，以一颗悲悯又坚韧的心经历着、用一首首诗歌记录着唐朝由盛转衰的那段历史；而在另一些时候，杜甫只是一个普通人，静静地观察着大自然的四季变迁，感叹着天地时节和人生世事的变幻，然后像诗仙李白那样，在美酒中享受片刻的忘我。

在纷飞的大雪之后，人们迎来了更加寒冷的冬至节气。

冬至，是二十四节气中的第二十二个节气，也是冬季的第四个节气，在大雪之后、小寒之前，时间为每年的 12 月 22 日或 23 日，代表着寒冷冬天的全面降临。

关于冬至的含义，古书有这样的记载："阴极之至，阳气始生，日南至，日短之至，日影长之至，故曰冬至。"意思是说冬至这天是阴气最重的时候，之后便渐渐阳盛阴衰，这时的太阳到达了地球最南方，我国的日照时间最短，而影子则最长。

可见冬至这一节气正好和前文提到的夏至节气遥相呼应。在冬至这天，太阳直射南回归线——南纬 23.5°，所以对于北半球而言，这是全年白昼时间最短，黑夜时间最长的一天，北极附近几乎接收不到光照，因此有“极夜”现象。相对于夏至的“立竿无影”，冬至却是日影最长。

也正是因为此时太阳到达了最南边，所以冬至日是北半球一年中阴气最盛的日子，此后太阳直射点逐渐北移，直到夏至日到达北回归线，一切再次轮回。

所以天文学上将冬至日定为整个北半球冬季的正式开始。

·物候与气候·

为更好地反映冬至期间的气候变化，古人将冬至节气中的十五天分为以下“三候”：

一候蚯蚓结。一到冬至，蚯蚓都蜷缩在土底下。这是因为此时气候太过寒冷，连蚯蚓都嫌地表温度太低。古人还认为蚯蚓“阴曲而阳伸”，所以蚯蚓弯曲成结也是阳气渐生的象征。

二候麋角解。麋是属阴的动物，冬至时节阴气最盛、阳气渐生，所以麋角就开始脱落了。这一物候和夏至节气的“鹿角解”含义相近。

三候水泉动。再过五天，初生的阳气越来越盛，山中的泉水可以流动了，甚至还冒着热气，摸起来是温热的。

显而易见的是，这三个典型物候都反映出了冬至时节阴气盛极转衰、阳气渐生的气候特点。不过，此时阳气初生，地表所接收到的太阳的热量远比地面散失的热量要少，所以在这一时节中，气温还会继续下降，并且很快就会迎来一年中最冷的小寒、大寒。

中国人向来认为“数九寒冬”是一年中最冷的一段时间，而“数九”就是从冬至日这天开始的，足见其在气候中的重要性。

最炎热的三伏天有《夏至九九歌》，冬季也有与之对应的《冬至九九消寒歌》，虽然各地流传的版本有所不同，但都大同小异：

一九二九不出手；
三九四九冰上走；
五九六九沿河望柳；
七九河开，八九雁来；
九九加一九，耕牛遍地走。

数完九个九，便是来年的三月份，人们就能再见风清日暖的春光。

在冬至时节，我国大部分地区都已步入了严冬，平均气温只有零下3℃至零下2℃，一如毛主席词中所描绘的“千里冰封，万里雪飘”；在严寒的北方，气温普遍在0℃以下，部分地区甚至可低至零下20℃以下；即使在温暖的南方大地，这时的平均气温也只有6℃到8℃左右；只有在西南少数地区和华南沿海一带，还保持着10℃以上的宜人气候，但也都到了全年最寒冷的时候。

冬至还是全年降水量最少的一个节气，平均降水量只有1毫米，十分干燥。

·农事养生·

在严寒的冬至节气，全国大部分地区的作物都停止了生长，尤其是北方的农民们，早已进入了农闲期的休养状态，要等到来年春回大地时，才会开始繁忙的播种工作。

在相对温暖的南方地区，冬季作物还在努力地生长，可以说是菜麦青青。因此要做好各种越冬作物的田间管理，不能忘记施肥、清沟、防寒保暖等事宜。还要对未犁的冬板田进行深翻，加强其蓄水保水的能力，并注意消灭越冬害虫。

在依旧温暖的华南沿海一带，此时正在进行春种工作，要注意做好水稻秧苗的防寒措施。

这个季节的果树也要进行整枝修剪、更新补缺，还要做好消灭越冬病虫的工作；家禽家畜要加强冬季饲养管理，及时修补畜舍，并做好防寒保暖工作。

正所谓“冬至一阳生”，冬至节气阴气盛极，阳气初生，人体养生也要遵循这一自然规律。在冬季不可过度活跃，要以“静养”为主，保护身体内的阳气，保持充沛的、旺盛的精力和活力。可以跟冬眠的动物学习，行动缓慢、睡眠充足、补充营养。

在饮食上，可以适当进补，摄入羊肉、鸭肉、红薯、萝卜这类滋阴潜阳又热量较高的食物，为人体提供御寒所需的能量。过咸的食物会损害肾脏功能，冬季千万不可多吃，最好多食用温热的、松软的食物，帮助消化，生冷、油腻的食物要尽量少吃。还可以多吃橘子、猪肝、莴苣等苦味的食物，可以增强肾脏功能，有利于人体健康。

在最寒冷的小寒、大寒即将到来之际，更要注意人体的防寒保暖。要根据天气情况适当添加衣物，夜晚睡前可泡脚，睡觉时盖好厚实暖和的被子，防止感冒，在低温情况下要尽量避免外出，外出时要穿暖和的衣服，最好可以戴上帽子、围巾等。

此外，要避免情绪过度激动，始终保持乐观、平和的心态，防止消极情绪影响身体健康。还可进行适当的体育锻炼，比如跳绳、慢跑等，提高机体的御寒能力和免疫力。

·民俗文化·

冬至节

古人依靠太阳来观测自然、掌控世界，将太阳视作神圣和伟大的象征，而冬至之日“阳气始生”，是太阳“死而复生”的时刻，无疑会受到最高程度的重视。两千多年以来，冬至一直都是极为重要的节日。

早在周代，便有“以冬至日，致天神人鬼”的记载，当时周天子会在每年的冬至日率领群臣去往南郊祭天。祭天仪式中祭品丰盛、礼乐齐鸣，盛大且隆重。除了祭天，民间还要在冬至日祭祖。不仅皇家要祭祖，一些大宗族要带领全族所有人在祖庙祭拜先祖，普通平民人家也都会去为故去的祖先扫墓，带上两盘贡品，焚烧一叠纸钱或纸衣，以寄托哀思。

在汉代，“冬至前后，君子安身健体，百官绝事”，意思是在冬至前后，皇帝不上朝了，官员也都放假了，全国上下都要放几天的假，在冬日里休养生息。唐宋时期，冬至节就更重要了，《东京梦华录》里甚至有“十一月冬至，京师最重此节”的记载，每逢冬至，不仅要全国放假，人们还要穿上新衣服，要祭祀祖先，还要烹饪一大桌美食，并且走亲访友，就像庆贺新年一样。在明清时期，皇帝要在天坛祭天，又叫做“冬至郊天”，官员之间还要向皇帝递交贺表，皇帝也要向官员们庆贺冬日，赏赐各种东西。

消寒游戏

冬至之后就要开始“数九”了，在寒冷的冬天，古人除了休养生息、祭祀祖先、过节庆贺，也会在漫长冬日里玩各种消寒游戏打发时间，其中最有趣的就是“九九消寒图”。

“九九消寒图”用图画来表现“九九”的进程，能够简单地记录天气变化，有经验的老人还能根据“九九消寒图”推测出将来的气温或降雨情况。“九九消寒图”一般要先画上九九八十一个圆圈，每九个一组，根据冬至以后的天气，按照上阴下晴、左风右雨、雪当中的方法，每天在一个圆圈里做记号。等八十一个圆圈画完了，便是“九尽桃花开”，那时天气

饮食风俗

“冬至到，家家户户吃水饺”，在北方地区，冬至节气必不可少的食物就是饺子。据说在冬至之后，天气无比寒冷，冷到人的耳朵都很容易被冻掉，而饺子和耳朵形状相似，所以人们认为，冬至吃了饺子，冬天就不会冻耳朵。

正所谓“冬至馄饨夏至面”，冬至日除了饺子，和饺子相似的馄饨也是很受欢迎的一道美食。馄饨和“混沌”谐音，而冬至日太阳新生，仿佛天地混沌开辟之初，所以冬至日吃馄饨有一定的象征意义，很契合这一节令的特征。

在江南一带，冬至还有吃赤豆糯米饭的习俗。赤豆和糯米都是营养又驱寒的食材，在寒冷的冬夜，吃上一碗热乎乎的赤豆糯米饭，全身上下都会暖意十足。而且据说吃赤豆糯米饭还能驱疫避鬼、防灾祛病，虽然是古老的迷信，但也寄托了人们对平安健康的盼望。

过了冬至日，虽然阳气一天比一天更强了，天气却一天比一天更冷了。在这日渐寒冷的季节里，大雪纷飞、万物休止，人们也多了几分懒散，更勾起了心中对于团圆的期待。是啊，“冬至大如年”，在年末岁尾、即将过年的时节，停止繁忙的农事，放下匆忙的学习和工作，也忘掉一切的烦恼，既然归乡心切，那便奔赴家人身边吧，寒冬虽冷，心头却暖！

小寒

寒梅雪斗新

寒夜客来茶当酒，竹炉汤沸火初红。

寻常一样窗前月，才有梅花便不同。

——《寒夜》

寒夜里来了客人，与我以茶代酒共叙往事，竹炉内炭火烧得正旺，壶中热水沸腾，屋内暖意十足。窗前的月光和平常一样，只有那三两枝初开的梅花，使得这一切都格外不同。

漫长又孤寂的寒冬腊月应该如何度过？南宋诗人杜耒的这首《寒夜》给了我们一个也许不是最佳，但一定是最美的答案——和知心之人相聚在一起，围着火炉品茗倾谈，这样的寒月，窗外若有新梅斗雪，那更是人生一大美事。

当第一枝蜡梅初放之时，最寒冷彻骨的时节也随之到来了，中华大地迎来了小寒。

小寒，是二十四节气中的第二十三个节气，是冬季的倒数第二个节气，也是全年倒数第二个节气。在冬至之后、大寒之前，时间为每年的1月5日或6日，代表着隆冬的到来。

《月令七十二候集解》有载：“小寒，十二月节。月初寒尚小，故云，月半则大矣。”意思是小寒是农历十二月份的节气。月初的时候寒气还较为微弱，所以叫小寒，再过半个月寒气就到了最重的时候，于是就到了大寒节气。可见小寒这一名称的本来意义就是寒冷。而小寒和大寒的关系，就像是小暑和大暑的关系。

虽然小寒相较于大寒是“寒尚小”，但其实已经极其寒冷了，我国大部分地区都在这时进入了全年中最冷的时期，其寒冷程度甚至不亚于大寒节气。

·物候与气候·

为更好地反映小寒期间的气候变化，古人将小寒节气中的十五天分为以下“三候”：

一候雁北乡。古人认为大雁的南飞、北归和阴气、阳气的变化规律有关。小寒节气虽然寒冷，但阳气也渐渐强盛，所以一到小寒，就有大雁陆续往北边飞去了。不过它们这时也并不是回到了最北方，只是离开了南方最热的地方，向北方迁移。等它们翻山越岭回归北方时，便会看到北方的家乡处处都是春暖花开的景象。

二候鹊始巢。五天后，喜鹊也开始筑巢了。这是因为它们感知到了阳气的萌动，所以要提前筑好巢迎接春天的到来。筑一窝好看的巢，才能在来年春夏更好地繁殖和抚育幼鸟。

三候雉始鸲。感知到阳气的除了大雁和喜鹊，还有“雉”，也就是野鸡，它们在渐盛的阳气中欢喜地鸣叫，以求偶交配，这一节气林海雪原中常常能听到它们的叫声。

这三个物候都反映出了小寒时节阳气渐盛的特点。也正是因为这一时节阳气渐盛，所以虽然天气寒冷，却也有各种花陆续盛开，小寒节气的三番“花信风”为梅花、山茶花和水仙花。

梅花还有一个别称叫做“报春花”，可见它向来是传春报喜、吉庆的象征。由于梅花往往凌寒而开，又被赋予了孤傲和高雅的品质，是“梅兰竹菊”四君子之首，以其精神和气节受到无数喜爱。“遥知不是雪，为有暗香来”“疏影横斜水清浅，暗香浮动月黄昏”，“无意苦争春，一任群芳妒。零落成泥碾作尘，只有香如故”……

诗人们赞咏梅花的诗句数不胜数，画家们更是极其钟爱梅花绘画，北宋皇帝赵佶的《腊梅山禽图》、明代诗人唐寅的《清影图》等都是梅画名作。雪中那暗香浮动的一抹红影，为寒冷无情的时节添了几分诗情画意，是最美的冬日景观。

元代王冕最爱梅花，他是个诗人，也是个画家，这首《墨梅》便是他为自己的梅花画作所题的小诗，梅花的清新高雅溢于笔墨，意趣动人：

我家洗砚池头树，朵朵花开淡墨痕。
不要人夸颜色好，只留清气满乾坤。

我家洗砚池边有棵梅花树，花开朵朵、墨痕淡淡。不需要别人夸它颜色美丽，只想将清香的气息长留天地。

梅花开放之后，山茶花也在这深冬时节低调地开放了。山茶花为常绿花木，往往盛开在冬春之际，其耐寒性不输傲梅，被赞“花繁艳红，深夺晓霞”，也是小寒时节很受欢迎的观赏性花卉。

再过五日，清丽脱俗的水仙花也随之盛开了，它是我国十大名花之一，广受人们的喜爱。水仙花花姿绰约，美不胜收，被黄庭坚喻为“凌波仙子”。难得的是，它完全不显娇贵，对生长环境要求极低，即使在严寒的深冬，也只需一盆清水便可以开花，因此有诗云“借水开花自一奇，水沉为骨玉为肌”。

虽然小寒节气阳气渐盛、一些耐寒的花也逐渐凌寒绽放了，但不可否认的是，小寒节气正是最严寒的时候。虽然古人认为大寒是一年中气温最低的一个节气，但其实近年来的许多气象数据都表明，小寒期间甚至比大寒更加寒冷，正如之前讲过的小暑比大暑更热。

民谚说“冷在三九”，一般“三九”都是在小寒节气期间，此时冷空气活动十分频繁，全国范围内都迎来了一年中的最低温。整个秦岭—淮河以北地区的平均温度都在0℃以下，天寒地冻的东北地区的最低极端气温甚至可达 −40℃左右。在秦岭—淮河一线，平均气温也低至0℃，就连相对温暖的华南地区也会出现0℃以下的低温，最炎热的两广地区，也只有十几摄氏度。

小寒期间虽然常常是低温雨雪天气，但大多数地区的降雨量都很少，只略多于全国降水最少的冬至节气，十分干燥。

·农事养生·

在小寒节气，滴水成冰的东北地区依旧是农闲期，除了大棚蔬菜，正常田地里的作物都停止了生长。而华北地区，冬小麦也都不再生长，进入了漫长的越冬期。长江流域的作物倒是还在缓慢地生长着。只有在相对温暖的华南地区，冬麦和甘薯等越冬作物依旧生长旺盛。

冬季频发的低温雨雪天气和寒潮的侵袭易对农业造成巨大的伤害，所以这一季节无论是蔬菜果树还是家禽家畜，都需要做好防寒防冻的措施，使它们能安然地度过这一季寒冬。此外，还要注意田间浇灌、施肥，以及病虫病害的防治。

在最寒冷的三九天，人体也需要好好呵护，养生事宜万万不可忘之脑后。冬天阴气旺盛，容易伤及人体阳气，所以此时养生要以保护阳气、养护肾气为重点。

在饮食方面，小寒节气可以适当进行食补，加强人体的营养摄取，以起到保暖抗寒、预防疾病的效果。牛羊肉、枸杞、核桃、蛋制品等都是冬天最适宜的食物。在冬日食补时，切记要多吃温热性质的食物，如糯米、酒菜、肉桂、花椒等，谨防生冷的食物损伤身体。还应多吃一些苦味的食物，如核桃、杏仁等。

小寒时节还要注意防风保暖、预防感冒。一方面要避免长时间待在寒风呼啸的室外，外出时要注意穿戴暖和，不可受风受寒；另一方面，要加强身体锻炼，正所谓“夏练三伏、冬练三九”，冬天正是锻炼的好时候，此时锻炼既可以增强体质减少生病，还可以提升身体的抗寒能力。运动的项目不宜太过激烈，最好是踢毽子、慢跑等低强度的运动。不过在锻炼之前，要注意做好热身准备，否则容易造成运动损伤，在锻炼之后，还应及时添加衣物，以免受冻感冒。

在起居方面，小寒时节应早睡晚起，使人体顺应时节变化规律。睡前可坚持泡脚，既能驱散寒气，又能加快血液循环、提升睡眠质量。晚起之后不妨伸个懒腰、吃上一顿丰盛的早餐。如果遇到阳光明媚的天气，还可出门晒晒太阳，悠闲又舒适。

·民俗文化·

腊祭

小寒节气所处的时间是农历的十二月，也就是腊月。关于十二月为什么叫做“腊月”，《风俗通义》是这样解释的：“腊者，猎也，言田猎取禽兽，以祭祀其祖也。或曰：腊者，接也，新故交接，故大祭以报功也。”可见“腊”字最初就是狩猎的意思，每年的最后一个月，古人农事暂歇，便去野外狩猎，将猎到的野兽用来祭祀先祖以及各路神灵，以感谢大自然这一年的恩赐，也祈求来年能够更加丰收。

正是因为这样，农历的最后一个月被叫做“腊月”。在腊月里，古代要举行合祀众神的“腊祭”活动，上至天子、下至百姓都要在腊月里祭祀神灵。祭祀活动有的在宗庙、家庙进行，也有的在郊外进行。

腊八节一般也在小寒节气中，它的起源众说纷纭，一种说法是跟朱元璋起义抗元有关，也有说法是跟张三丰有关，不过流传最广的，是跟佛教创始者释迦牟尼有关。所以，腊八节还是佛教尤为重要的节日之一，腊八节和腊八粥的习俗也十分盛行。

杀年猪

有童谣是这样唱的："小孩小孩你别哭，过了腊八就杀猪；小孩小孩你别馋，过了腊八就是年。"的确，小寒节气之后，很快就要迎来春节了，临近年关之际，人们开始准备购买年货，农村养猪的人家，也要开始杀年猪了。

在过去，人们的生活水平比较低，普通人家不能天天吃肉，除了逢年过节或招待客人，也就几乎只有杀猪时餐桌上才会有肉菜。小孩子们在冬天最为嘴馋，都目不转睛地盯着猪栏里的大肥猪，热切盼望着能够早日吃到猪肉。如今能顿顿吃肉了，不过杀年猪这种"年味"，依旧飘散在许多地区。

饮食风俗

处在寒冬腊月的小寒，其最重要的节令食物就是腊八粥。不同地区腊八粥的配料有所不同，一般包含大米、小米、糯米、高粱米、紫米、薏米等谷类，黄豆、红豆、绿豆等豆类，以及红枣、花生、莲子、枸杞子等干果，需要用小火熬制足够长的时间，才能吃起来粘稠软糯，香甜可口。除了腊八粥，一些地方还要吃腊八蒜、腊八面、腊八豆腐等。

在小寒时节，江苏有吃"菜饭"的习俗。顾名思义，菜饭就是将各种菜和米饭一起煮成的食物。菜饭里的蔬菜一般有白菜、青菜，还有咸肉片、板鸭丁等肉类。对于南京人民来说，小寒可以不吃腊八粥，但必须要吃的就是菜饭。

在广东地区，小寒节气还要吃糯米饭。糯米饭里会加入腊肠、腊肉等腊月里常见的美食，可以说充满了浓郁的腊味。

刺骨的寒冷像是要吞噬一切、湮没一切，严寒低温之中，万物静静地煎熬着，耐心地等待着。因为他们知道，这漫长的冰冷黑暗，是温暖黎明前的最后考验，只有足够坚韧的人，才能如同浴火的凤凰一样，经受冰雪的洗礼得以新生，并活得更美、更强！

大寒

爆竹声中一岁除

旧雪未及消，新雪又拥户。

阶前冻银床，檐头冰钟乳。

清日无光辉，烈风正号怒。

人口各有舌，言语不能吐。

——《大寒吟》

之前的旧雪还没来得及消融，新降的大雪又围着房屋垫了厚厚一层。台阶前覆盖的白雪就像是冰冻的银床，屋檐下的垂挂的冰柱就像那钟乳石一般。大气一片清冷，许久不见太阳的光辉，猛烈的寒风正在愤怒地咆哮。人们各个都长了舌头，却冷得难以吐字说话。

大雪继续飘飞，寒风继续呼啸，难耐的寒冷继续肆虐着大地万物，小寒之后，大地的寒冷并未得到一丝消解，继而迎来了大寒。北宋诗人邵雍的这首《大寒吟》描绘的便是大寒节气的景象。

大寒，是二十四节气中的最后一个节气，也是冬季的最后一个节气，时间为每年的 1 月 20 日左右。大寒节气意味着四季即将结束，随之而来的便是立春，那代表着万物挣脱了最严寒的死寂，再次苏醒、孕育新生。

《授时通考》上说："大寒为中者，上形于小寒，故谓之大……寒气之逆极，故谓大寒。"《月令七十二候集解》也有记载："十二月中，解见前（小寒）。"可见大寒和小寒就是天生的"一对儿"，古人认为寒气较弱时便是小寒，等寒冷到了极点，便是大寒节气。

的确，大寒时节自古便被公认为是一年中最寒冷的一个节气，其严寒程度可见一斑。这样天寒地冻的时节像是一种折磨，同时也更像是一种新生的希望。当寒冷到达最极致之时，也代表着春天就快要来临了。

·物候与气候·

为更好地反映大寒期间的气候变化，古人将大寒节气中的十五天分为以下“三候”：

一候鸡乳。乳，也就是产卵的意思。在大寒节气中，母鸡开始下蛋孵小鸡了。

二候征鸟厉疾。征鸟指的是老鹰、大雕等凶猛的鸟类。大寒时节，它们时常会盘旋在空中到处寻找食物，以补充身体御寒所需的能量。

三候水泽腹坚。在这滴水成冰的严寒季节，河水都结了冰，而且冰层极厚、还非常坚硬，所以叫“腹坚”。想必古时候“卧冰求鲤”的感人故事，就是发生在这一时节吧。

小寒时节花信风已经阵阵吹来，使得一些耐寒的花儿凌雪盛开了。在大寒时节，同样有几种不怕冷的花渐次开放，它们是瑞香、兰花和山矾。

“睡香”“蓬莱紫”“风流树”“千里香”“山梦花”……这些美丽动人的名字，说的都是同一种花——瑞香花，它以“色、香、姿、韵”四绝蜚声世界，以浓郁迷人的香气跻身“世界园艺三宝”之一。更有诗赞道：“牡丹花国色天香，瑞香花金边最良”，可见在瑞香花的各个品种中，又以金边瑞香花最为美丽，甚至可与国色天香的牡丹花媲美。

五天之后，清雅脱俗的兰花也开放了。兰花和小寒时节盛开的梅花一样，都名列“四君子”，可见花有百样，却还是要属梅花和兰花这类傲立寒风、孤独盛开的品质最得古代文人的喜爱。人们通常以“兰章”比喻诗文优美，以“兰交”喻友谊真挚，还以兰花来形容君子或淑女，“空谷幽兰”可以说是对一个人最高的赞美。

再过五天，便可以看见山矾盛开了。北宋词人黄山谷在《山矾花二首》的自序中写道：“江湖南野中，有一小白花，木高数尺，春开极香。”的确，山矾花不同于很多种植在庭院里用来观赏的花，它大多生长在山间野外。然而，它却从未黯然埋没于丛林之间，每逢早春时节，山矾花悠然绽放，漫山遍野都弥漫着它独特的香气，人们闻香而上，终会在深谷之中找寻到那一抹洁白的身影。

这些物候都是大自然的使者，生动而真实地反映出了大寒节气的气候特征——它一边散发着无情的寒冷，一边却又迎接着万物的新生。

民谚说："小寒大寒，冷成一团。"大寒时节的气候承接着小寒的寒冷，一般来说只比小寒高出1℃，甚至在某些年份还会"变本加厉"地降温。北方地区不用多说，完全如诗中所说的"言语不能吐"，就连相对温暖的南方，都极为寒冷，气温只有6～8℃，其他地方更是名副其实的"冷成一团"。

不过，这一节气中大气环流已经相对比较稳定，所以不太容易出现大范围的雨雪天气或是大风降温，而是常常呈现出一派晴朗无风的天气状况。一般来说，大寒期间都有着十分充足的阳光，人们可以暂且推开家门，在雪地里晒着太阳堆雪人，虽然寒冷却也是冬日里一份难得的惬意。

当然，从降雨来讲，大寒和小寒一样，都是全年雨水最少的一段时期。不过到了下一个节气，也就是立春，全国各地的降雨量又会持续增多，彼时春雨将顺应时节而来，润泽大地万物。

·农事养生·

大寒节气的低温和大雪气候对于农业来说是好还是坏呢？农谚有言："苦寒勿怨天雨雪，雪来遗到明年麦。"意思是说深冬时节的雨雪虽然会一定程度导致作物遭受寒冷的侵袭，却也有着诸多的好处。

冬小麦、油菜等耐寒作物甚至依赖低温、离不开低温，如果冬季气温不够低，反而还会影响这些作物的正常生长和发育。而且大雪覆盖在作物上、积累在田地中，等到来年开春的时候便渐渐消融，干净的雪水可以解作物的燃眉之"渴"，起到预防和缓解春旱的作用。此外，过度的低温还可以冻死许多病菌和害虫，使得庄稼能够安然地度过冬天，减少病虫害的发生，所以农家对于寒冬的大雪是十分喜闻乐见的，有“腊月大雪半尺厚，麦子还嫌被不够”的说法。

因此，如果这一时节积雪够多，农民们便能放松心情，坐等丰收。但如果某年雨雪较少，农民们可要急了，需要时刻关注气候和田里的情况，及时进行灌溉，防止作物缺水减产或死亡，还要注意及时消灭害虫。

大寒时节的北方虽然依旧农闲，但也要注意做好积肥堆肥的工作，并加强家禽家畜的防寒防冻，保护它们顺利过冬。在南方地区，冬小麦和其他越冬作物也需要精心呵护，做好相应的田间管理。

大寒时节，阳气即将苏醒并逐渐旺盛，人体也是如此。在阳气即将被唤醒的时刻，人体也要顺应时节，注意保护阳气并滋养阴气。

正如古话所言：“大寒大寒，防风御寒，早喝人参黄芪酒，晚服杞菊地黄丸。”人参、黄芪是补养的食物，最好在早晨食用；而杞菊地黄丸是滋阴补肾的食物，应在晚上食用。

在饮食方面，大寒时节以温补为主，可以多吃红辣椒、红枣、红苹果等红色蔬果，以及芋头、番薯、山药、马铃薯、南瓜等具有丰富淀粉和多种维生素、矿物质的食物，为人体补充能量，还有助于御寒和抗病毒。

在作息方面，依旧要保持冬季早睡晚起的习惯，保持充足的睡眠，注意防寒保暖，增强身体锻炼。此外还需要注意的是，这一时节空气十分干燥，要防止室内湿度过低引发疾病，采取有效措施增加空气湿度。

·民俗文化·

大寒节气是一年中最后一个节气，预示着这一年的结束，小年、除夕、春节等重要传统节日都随之而来。在大寒之后，各地都开始准备迎接新年，处处都充满了节日喜庆的氛围。因此大寒节气的民俗文化主要围绕岁末迎年。

小年

小年的时间一般是在每年的腊月二十三，有些地方则是在腊月二十四。小年向来被视为过年的开始，虽然各地风俗有所不同，但都同样重视这个特殊的日子。

在北方，小年这天有“祭灶”的习俗。“以食为天”的中国人自古就十分重视灶神，认为灶神会保佑这家人有粮吃，有柴烧，还能保证香火的延续和家族的兴旺。所以在过去，家家户户的灶台上都贴着灶王爷的画像。

据说在每年的腊月二十三，灶王爷就会回到天上，向玉帝报告这一年的工作情况，以及这家人的善恶功过，使玉帝能够对人间之事有所了解，并有理有据地进行赏罚。为了让灶王爷能够多多为自家说好话，人们都要在这天以最丰盛的祭品欢送灶王爷，还要把灶糖用火融化后抹在灶王爷的嘴巴上，让他更加“嘴甜”，只说好话不说坏话。小年吃灶糖（又叫“糖瓜儿粘”）的习俗也是这么来的。

“腊月二十四，掸尘扫房子”，小年之后，大多数地区都要开始“扫尘”，也就是大扫除。将家里的每一个角落空隙都打扫得干干净净、一尘不染，也就能扫除这一年的所有晦气和霉运，以最干净整洁的状态迎接新年。很多人还要在小年这天隆重沐浴和理发，因为民间有正月不能剪发的说法，所以在腊月底，各地的理发店都会空前火爆。

小年之后，人们也开始剪窗花、贴春联、贴福字，办年货了……过年的气氛越来越浓，外出工作的人们也都开始启程回家，与家人团聚。很多重视小年的地方在这天都要一家人团聚在一起，包饺子、过小年。

除夕

小年过后没几天，便迎来了除夕。除夕是一年中农历的最后一天，“有始有终”的中国人极为重视这一节日，会以各种各样的方式来辞旧迎新。

除夕这天，各地都有祭祖的习俗，有宗祠的人家会在这天打开祠堂祭祖，全家按照长幼次序，依次祭拜祖先。这是为了向祖先汇报这一年的收获，并祈求祖先庇佑家族来年更加兴盛。没有宗祠的人家也都会去给已逝的亲人扫墓。

在除夕之夜，“年夜饭”绝对是重头戏，全家人要围坐在一起，做上一顿最为丰盛的饭菜，一边看春晚，一边吃年夜饭，老人小孩其乐融融，欢笑不断，共享天伦之乐。

吃过了年夜饭，全家人还要一起“守岁”，看春晚、打麻将、聊天……人们以各种方式欢度这一年的最后一刻，直到零点的钟声响起，窗外灿烂无比的烟火宣告新一年的到来。

春节

除夕之后第二天就是正月初一，也就是春节，新年从这天正式开始了。大年初一的早上，小孩子都要穿上新衣服给家里的长辈磕头拜年，而长辈也都会给小孩子“压岁钱”。春节期间，人们都要走亲访友，互相拜年，一般要直到元宵节，热闹喜庆的春节才会结束。

北宋政治家王安石这首《元日》描绘的就是春节这天家家户户辞旧迎新的热闹景象：

爆竹声中一岁除，春风送暖入屠苏。
千门万户曈曈日，总把新桃换旧符。

在噼里啪啦的爆竹声中，旧的一年结束了，温暖的春风吹来了新年，人们欢饮着屠苏酒。千家万户都在新年初升的太阳光下，将去年的旧符换成新的桃符。

万籁俱寂的严寒冬日虽然将人间短暂封冻，却并不意味着冰冷无情和死气沉沉，而是万物经历了春生、夏长、秋收之后的蛰伏和潜藏，以及为再次重生而积蓄能量和力量。春华秋实、夏雨冬雪，当寒冷到达极致，当时光的摆针摆到了冬日的尽头，人们以最欢欣喜悦的心情告别过去一整年的努力，并在节日的喜庆中恢复满满的元气，迎接新的春天。

大寒之后，一元复始，万象更新，大自然奔向下一个轮回。彼时，又是新的春暖花开，新的繁荣茂盛，新的斑斓丰收，新的岁暮天寒……一切仿佛如初，却又从未回归原点，而是一往无前、生生不息！

参考文献

[1] 宋英杰 . 二十四节气志 [M]. 北京：中信出版集团，2017.

[2] 国馆 . 图说二十四节气 [M]. 武汉：长江文艺出版社，2018.

[3] 萧涤非等 . 唐诗鉴赏辞典 [M]. 上海：上海辞书出版社，1983.

[4] 夏承焘等 . 宋词鉴赏辞典 [M]. 上海：上海辞书出版社，2003.

[5] 金传达 . 细说二十四节气 [M]. 北京：气象出版社，2016.

[6] 陶红亮 . 二十四节气知识全书 [M]. 北京：化学工业出版社，2012.

[7] 余世存 . 时间之书：余世存说二十四节气 [M]. 北京：中国友谊出版公司，2016.

[8] 梁宗懔 . 荆楚岁时记 [M]. 武汉：湖北人民出版社，1985.